高职高专计算机类专业系列教材

计算机组装与维护实训教程

（第二版）

主　编　王来志　王　敏

副主编　王　毅　纪昌宁　罗元成

　　　　陈国安　邓　旭　韩永征

西安电子科技大学出版社

内容简介

本书以培养学生的职业技能为核心，以实际项目为导向，采用任务驱动的方法组织内容。全书共七个项目，包括计算机整机与配件及其选购、组装计算机硬件、合理设置 BIOS、启动 U 盘的制作、硬盘分区与格式化、安装操作系统与应用软件以及计算机软硬件的保养与维护。每个项目中的知识点讲解以不同的工作任务为驱动，充分体现"学做一体化"的特点，有利于提高学生实际动手操作的能力。

本书可作为普通高等院校和高等职业院校计算机、电子相关专业的实训教材，也可作为相关教育培训机构的计算机系列培训教材以及计算机爱好者的自学参考书。

图书在版编目(CIP)数据

计算机组装与维护实训教程 / 王来志，王敏主编. —2 版. —西安：
西安电子科技大学出版社，2019.8(2020.12 重印)
ISBN 978–7–5606–5396–9

Ⅰ.① 计… Ⅱ.① 王… ② 王… Ⅲ.① 电子计算机—组装—教材
② 计算机维护—教材 Ⅳ.① TP30

中国版本图书馆 CIP 数据核字(2019)第 153107 号

策划编辑　刘玉芳
责任编辑　王　艳　雷鸿俊
出版发行　西安电子科技大学出版社(西安市太白南路 2 号)
电　话　(029)88242885　88201467　　邮　编　710071
网　址　www.xduph.com　　　　电子邮箱　xdupfxb001@163.com
经　销　新华书店
印刷单位　陕西天意印务有限责任公司
版　次　2019 年 8 月第 2 版　　2020 年 12 月第 6 次印刷
开　本　787 毫米×1092 毫米　1/16　印　张　12
字　数　262 千字
印　数　10 001～12 000 册
定　价　26.00 元(含实训报告)
ISBN 978–7–5606–5396–9 / TP

XDUP 5698002–6

如有印装问题可调换

前　言

随着技术的不断进步，计算机已经成为人们日常生活和工作中不可缺少的工具。然而在使用过程中计算机系统安装、日常维护、基本故障处理等问题日益突出，因此，许多应用型高校增开"计算机组装与维护"公选课，或部分理工科专业把"计算机组装与维护实训"作为基本技能训练写入人才培养方案。本书作为介绍计算机组装与维护方面的实训教材，力图做到与市场相结合，紧跟计算机新产品、新技术发展的步伐，较少涉及计算机相关理论，多让读者学习最新、最前沿和最实用的技术，以满足读者的工作、生活所需。

为确保教材的编写质量，突出技能操作，弱化理论讲解，本书的编写团队深入相关企业，对硬件技术工程师、硬件维护工程师和桌面运维工程师等工作岗位进行了调研，将这些岗位所需的知识和技能以及典型工作任务进行了分析，精心选取了本书的内容；参照工业与信息化部电子教育与考试中心"硬件技术工程师"和"硬件维护工程师"职业技术认证考试大纲，将本书内容进行了整合，并按硬件工程师成长规律，对本书内容从逻辑上进行了序化；同时依据高等职业技术教育最新理念，按"项目引领、任务驱动"的教学方法进行了教学设计。

全书内容按照七个项目进行编写，书末附有实训报告模板。具体内容安排如下：

项目一围绕计算机构成和计算机硬件及选购等典型任务，主要介绍了计算机系统的体系结构、计算机系统的基本类型、计算机硬件与配件及其选购。

项目二围绕台式机和笔记本电脑的组装等典型任务，培养学生实际拆卸与安装计算机、日常维护计算机、笔记本电脑加装 SSD 固体硬盘与内存条等实际动手能力。

项目三围绕 AMI BIOS 和 Award BIOS 设置等典型任务，详细介绍了目前四种主流 BIOS 的设置方法。

项目四围绕启动 U 盘制作工具和制作等典型任务，详细介绍了目前最新启动 U 盘的几种制作工具及其使用方法。

项目五围绕硬盘分区和格式化等典型任务，详细介绍了目前硬盘分区的主流方法及大硬盘的分区。

项目六围绕操作系统安装方法和安装 Windows 操作系统等典型任务，详细介绍了目前常用操作系统的安装与激活方法。

项目七围绕计算机硬件的保养与故障判断和计算机软件的保养与维护等典型任务，详细介绍了计算机硬件的保养方法、常见故障的判断与解决方法、计算机系统的备份与还原、打印机连接与共享及家庭网络无线路由的设置方法。

本书具有以下特色：

(1) 提供丰富的实例。本书每个项目以丰富的实例讲解计算机硬件和组装操作，便于读者模仿和学习，同时方便教师组织授课。

(2) 提供大量的插图。本书提供了大量精美的图片，让读者可以感受逼真的实例效果，从而迅速掌握计算机组装与维护的操作知识。

(3) 提供思考题与实训报告模板。本书每个项目后有针对性地设置了相关思考题，便于读者查漏补缺；实训报告模板中的每个项目和正文一一对应，既可以达到测试的目的，又可作为教师评价学生成绩的依据。

(4) 提供精美的 PPT 课件。课件根据市场计算机新品上市与安装维护新技术的发展，每年 5 月更新，可通过扫描书后二维码下载。

本书的编写人员为高校实训管理一线教师和行业一线技术人员，他们不仅具有丰富的理论知识，而且具有丰富的实际操作经验，书中融合了大量实践经验和实际工作中所积累的案例。项目三、项目五、项目六由重庆城市管理职业学院高级实验师王来志编写；项目一、项目四及附录由重庆三峡职业学院实验师纪昌宁、重庆工程职业技术学院高级实验师罗元成、重庆秀山土家苗族自治县职业教育中心电子专业部部长陈国安、重庆城市管理职业学院邓旭和韩永征合编；项目二、项目七由重庆城市管理职业学院高级实验师王毅与副教授王敏合编。全书由王来志统稿。

重庆百脑佳电器有限公司的工程师何勇和宏碁电脑重庆分公司的硬件工程师刘宇提供了技术支持。本书引用了部分互联网上的最新资讯以及报刊中的报道，在此一并向原作者和刊发机构致谢，对于不能一一注明引用来源的，深表歉意。对于网络上收集到的共享资料没有注明出处的或由于时间、疏忽等原因找不到出处的以及作者对有些资料进行了加工、修改而纳入书中的内容，作者郑重声明其著作权属于其原创作者，并在此向他们表示致敬和感谢。

在编写过程中，我们始终本着科学、严谨的态度，力求精益求精，但书中难免会有不足，恳请广大读者批评指正。

编　者
2019 年 4 月

目　　录

项目一　计算机整机与配件及其选购

任务1　计算机的构成

一、计算机系统构成

一个完整的具备可用性的计算机系统由计算机硬件和计算机软件两大系统共同组成，缺一不可。计算机系统的构成如图1.1所示。

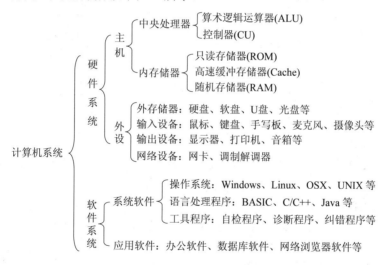

图1.1　计算机系统的构成

硬件和软件是互相依存的关系。硬件是软件赖以工作的物质基础，软件是硬件发挥作用的逻辑途径。随着计算机技术的发展，在许多情况下，计算机的某些功能既可以由硬件实现，也可以由软件实现。硬件与软件在一定意义上并没有绝对严格的界线，硬件和软件协同发展。计算机软件随硬件技术的迅速发展而发展，而软件的不断发展与完善又促进了硬件的更新，两者互相促进，交织发展。

二、计算机硬件系统

计算机硬件系统指构成计算机的电子线路、电子元器件和机械装置等物理设备，包括计算机的主机及外部设备。计算机硬件系统主要由运算器、控制器、存储器、输入设备和输出设备五部分组成。计算机系统的硬件结构如图1.2所示，硬件系统组成如图1.3所示。

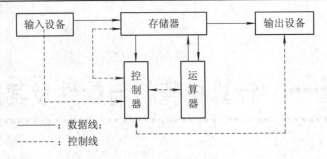

图 1.2　计算机系统的硬件结构

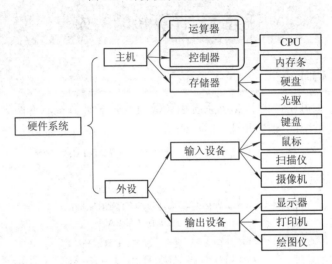

图 1.3　计算机硬件系统组成

中央处理器(CPU)是系统的核心部件,是系统的心脏,其品质的高低直接决定了计算机系统的档次。CPU 从诞生到现在,先后出现了 4 位、8 位、16 位、32 位和 64 位的产品,CPU 的位数就是 CPU 可同时处理的二进制数的位数。

运算器由算术逻辑单元、累加器、状态寄存器、通用寄存器等组成。运算器的操作和操作种类由控制器决定。运算器处理的数据来自存储器,处理后的结果数据通常送回存储器,或暂时寄存在运算器中。

控制器负责对程序中的指令进行译码,并发出为完成每条指令所要执行的各个操作的控制信号。一般来说,控制器必须包括程序计数器、指令寄存器、指令译码器以及时序部件启停线路四个部件,用以完成获得指令、分析指令、执行指令、再取下一条指令等周而复始的工作过程。

存储器主要存放计算机中的数据和程序,是计算机中各种信息存储和交流的中心。按照在计算机中的作用,存储器可分为内存储器、外存储器和高速缓冲存储器(简称高速缓存),也就是我们通常所说的三级存储体系结构。

输入设备是用于让用户向计算机输入原始数据以及处理这些数据的设备。常见的输入设备有键盘、鼠标、游戏操纵杆、光笔、触摸屏、扫描仪、光学阅读机和摄像机等。

输出设备用来输出计算机的处理结果,这些结果可以是数字、字母、图形和表格等。常见的输出设备有显示器和打印机等。

另外，计算机系统中还包括一些配件，如图1.4所示。

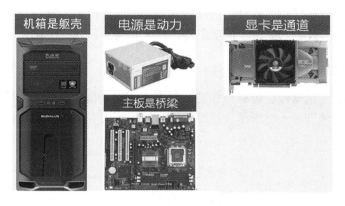

图1.4　硬件系统中的其他配件

三、计算机软件系统

计算机软件系统是指计算机程序及其有关的文档，包括系统软件和应用软件两大类，如图1.5所示。

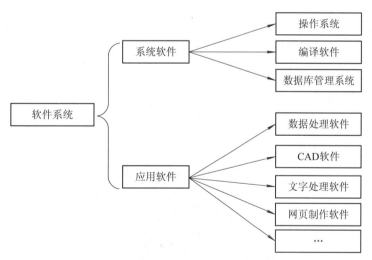

图1.5　计算机软件系统组成

1. 系统软件

系统软件是指控制和协调计算机及其外部设备，支持应用软件的开发和运行的软件，其主要功能是进行调度、监控和维护系统等。系统软件是用户和裸机的接口。一般来讲，系统软件包括操作系统和一系列的基本工具(如编译器、数据库管理、驱动管理、网络连接等方面的工具)，是支持计算机系统正常运行并实现用户操作的软件。

操作系统有三大类：面向用户的 Windows 98/XP/Vista 和 Windows 7/Windows 8/Windows 8.1/Windows 10，其中 Windows XP 和 Windows 7 最为经典、稳定；面向服务器的 Windows 2000/2003/2008/2012；面向开发者的 Linux、UNIX 和 IOS 等。

2. 应用软件

应用软件是为解决用户的各种实际问题而编制的计算机应用程序及其相关资料。应用软件包括办公软件以及图形处理、网页制作、网上购物等具体应用软件。

四、计算机硬件与软件的关系

普通用户是在应用软件层进行操作的，而应用开发人员是在系统工具和操作系统层进行开发的，操作系统开发人员则是在计算机硬件层进行研究的。计算机硬件与软件的关系如图 1.6 所示。

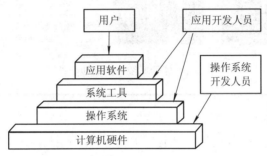

图 1.6 计算机的硬件与软件关系图

任务 2 认识及选购计算机整机

一、计算机整机组成

计算机整机一般包含主机、显示器、键盘、鼠标、音箱等，如图 1.7 所示。

图 1.7 计算机整机组成

二、计算机整机选购

1. 整机生产商

购买计算机时，首先应考虑计算机的品牌。目前，国内市场上比较知名的计算机整机生产商如图 1.8 所示。

图 1.8　市场上常见的计算机整机品牌

图 1.8 中，苹果品牌的计算机价格较贵，华硕、宏碁、联想、惠普和戴尔等品牌的计算机所占的市场份额比较大。

2. 整机购买方式

计算机整机既可以从整机生产商的官网上购买(如图 1.9 所示)，也可以在大型网上商城购买(如图 1.10 所示)，还可以在实体商场购买。

图 1.9　整机生产商官网购买

图 1.10　网上商城购买

3. 整机选购原则

1) 认准需求

按照个人的实际需求确定整机的配置。每个人使用计算机的目的不尽相同，配置需求就会有所不同。以个人来说，如学生阶段以学习编程开发为主，走上工作岗位后以工作所需的行业软件为主；以环境来说，家庭娱乐强调多媒体、图形性能，生产服务则强调稳定性、可维护性。只有清楚购机需求，才能确定出整机的预算。

2) 定好预算

在满足实际需求的情况下，以追求性价比为主确定预算。性价比是整机的性能值与价格值之比。一般来说，在达到性能需求时，该比值越高越值得购买。一旦确定好整机预算，如果不是需求发生变化，不要轻易更改预算。因为需求是没有止境的，而受支配的金钱是有限的，应采用量入为出的原则来选购计算机整机。

3) 绝不盲从

保证在不超越需求和预算的情况下，听取他人的购买建议。在购买整机的过程中可能会听到各种意见，但这些意见往往带有倾向性或单方面强调某一性能，很少考虑到购买者的实际需求。如果盲目跟风，会使实际的整机配置轻易突破预算，为很少用到的功能付出更多的金钱。

三、计算机整机选购流程

这里以在某网上商城购机为例，介绍购机流程。

1. 自助装机

在商城自助装机页面，根据自己的需求，按品牌、部件分类导航、数量、价格等多种产品展示途径搜索并选择配件，如图1.11所示。选定配件后需要进一步确定配件并将其加入购物车。

图1.11　自助装机

2. 加入购物车

单击"加入购物车"按钮，将选定的配件放入购物车，如图1.12所示。如果还想购买其他商品，可以选择"继续购物"流程。确定购买所选商品后，单击"下一步"按钮，即可进入"去购物车结算"流程。

图 1.12　CPU 型号选择

3. 订单确认支付结账

选定好全部配件后，仔细填写并核对本人真实的联系方式、送货地点等信息，选择适合自己的支付方式，再选择合适的配送方式，确认订单信息无误后单击"提交订单"按钮，订单即刻生成，如图 1.13、图 1.14 所示。用户可以通过"我的订单"查询到订单状态，之后完成网上银行付款步骤。

图 1.13　填写支付信息

					11件商品，总商品金额：	￥4579.90
					返现：	-￥50.00
					运费：	￥0.00
					应付总额：	￥4529.90

寄送至：重庆 沙坪坝区 大学城 重庆城市管理职业学院
收货人：张三 185****2321

应付总额：￥**4529.90**　　**提交订单**

图 1.14　提交订单

4．配件收货

当配件送到后，应先对照订单进行验收。如验收时发现配件有短缺、错误或存在质量问题等，则拒收包裹，并及时与商城客服联系。另外，需保管好购物票据。完整的订单如图 1.15 所示。

商品清单

商品编号	商品图片	商品名称	京东价	京豆数量	商品数量	库存状态
491716		台达（DELTA）额定400W NX400 电源（80PLUS铜牌/12CM温控静音风扇/支持背线）	￥299.00	0	1	有货
348609		芝奇(G.Skill) Ripjaws X系列 DDR3 1600频 8G (4G×2)套装 台式机内存	￥319.00	0	1	有货
1657497		英特尔（Intel）酷睿双核 i3-4370 1150接口 盒装CPU处理器	￥949.00	0	1	有货
101609		漫步者（EDIFIER） R201T06 2.1声道 多媒体音箱 黑色	￥189.00	0	1	有货
123814		酷冷至尊(CoolerMaster)毁灭者经典U3升级版 游戏机箱(ATX/USB3.0/背走线/电源下置/支持SSD/LED风扇)黑色	￥229.00	0	1	有货
721080		飞利浦（Philips）227E4LSB 21.5英寸LED背光宽屏 电脑显示器 显示屏	￥679.00	0	1	有货
948258		华硕（ASUS） B85-PRO 主板 （Intel B85/LGA 1150）	￥619.00	0	1	有货
1061676		七彩虹（Colorful） iGame750Ti 烈焰战神U-Twin-2GD5 1098MHz/5400MHz 2048M/128bit GDDR5 PCI-E 3.0显卡	￥889.00	0	1	有货
544026		希捷（Seagate）1TB 7200转64M SATA3 台式机硬盘(ST1000DM003)	￥329.00	0	1	有货
133117		ThinkPad 31P7410 USB光电鼠标	￥29.90	0	1	有货
262214		罗技（Logitech）K120键盘	￥49.00	0	1	有货

查看条形码

总商品金额：￥4579.90
-返现：￥50.00
+运费：￥0.00

应付总额：￥**4529.90**

图 1.15　完整订单

任务 3　认识及选购计算机配件

一、主板

主板又称主机板(Main Board)、系统板(System Board)或母板(Mother Board)，它既是连接各个部件的物理通路，又是各部件之间数据传输的逻辑通路，几乎所有的计算机设备都要连接到主板上。主板是计算机系统中最大的一块电路板。当计算机工作时，输入设备输入的数据由 CPU 处理，再由主板负责组织输送到各个设备，最后经输出设备输出。主板是与 CPU 配套最紧密的部件，每出现一种新型的 CPU，制造商都会推出与之配套的主板。如果把 CPU 比喻成人的大脑，那么主板就是人体的躯干，主板将计算机中的重要部件整合在一起，让它们协调工作。

1. 主板的作用

主板是计算机中最重要、最核心的部件之一，它将计算机中各个重要的部件整合在一起，构成完整的计算机。主板如图 1.16 所示，其作用如下：

(1) 将不同电压的部件连接在一起，并提供相应的电源电压；

(2) 将不同功能的部件连接在一起，使它们相互传递信息；

(3) 接收外来数据，并交给各种设备进行处理；

(4) 将内部设备处理的数据集中，并传递给外界；

(5) 平衡计算机中的数据、能源、速度、温度、电流等。

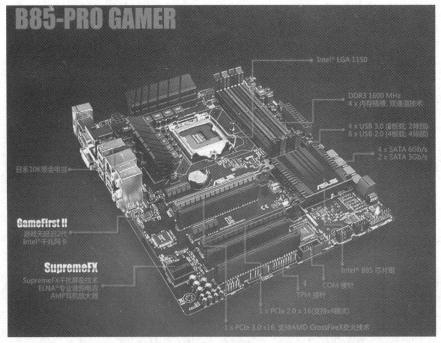

图 1.16　主板

2．主板的组成

1）芯片组

主板的芯片组一般由北桥芯片和南桥芯片组成。

北桥(North Bridge)芯片是主板芯片组中起主导作用的最重要的组成部分，也称主桥(Host Bridge)。一般来说，芯片组就是以北桥芯片的名称来命名的，例如 Intel 的 845E 芯片组的北桥芯片是 82845E，875P 芯片组的北桥芯片是 82875P。北桥芯片主要负责实现与 CPU、内存、AGP 接口之间的数据传输，提供对 CPU 的类型和主频、系统的前端总线频率、内存的类型(SDRAM、DDR SDRAM 以及 RDRAM 等)和最大容量、AGP 插槽、ECC 纠错等的支持。因为北桥芯片的数据处理量非常大，发热量也越来越大，所以现在的北桥芯片都会覆盖散热片来加强其散热性能，有些主板的北桥芯片还配有风扇用于散热。同时，北桥芯片通过特定的数据通道与南桥芯片和 CPU 相连接。

南桥(South Bridge)芯片是主板芯片组的重要组成部分，一般位于距离 CPU 插槽较远的下方，即 PCI 插槽的附近。南桥芯片负责通过各种总线连接外部设备，例如总线包含 PCI-E、PCI、USB 三大外设总线，可连接磁盘、软盘、键盘、鼠标控制器，还可连接网卡、声卡、BIOS 芯片、并口、串口等设备。南桥芯片不与处理器直接相连，而是通过特定的数据通道和北桥芯片相连接。

当然，现在有些芯片组将南、北桥集成在一个芯片上，这也是芯片组的发展趋势。

主板芯片组几乎决定着主板的全部功能。其中，CPU 的类型，主板的系统总线频率，内存类型、容量和性能，显卡插槽规格等，都是由芯片组中的北桥芯片决定的；而扩展槽的种类与数量、扩展接口的类型和数量(如 USB 3.0/2.0、IEEE 1394、串口、并口、笔记本的 VGA 输出接口)等，则是由芯片组的南桥芯片决定的。有些芯片组由于纳入了 3D 加速显示(集成显示芯片)、AC97 声音解码等功能，因此还决定着计算机系统的显示性能和音频播放性能等。主板芯片组如图 1.17 所示。

图 1.17　主板芯片组

芯片组几乎决定了其主板的功能，进而影响到整个计算机系统性能的发挥，所以说芯片组是主板的灵魂。芯片组性能的优劣，决定了主板性能的好坏与级别的高低。这是因为目前 CPU 的型号与种类繁多、功能特点不一，如果芯片组不能与 CPU 良好地协同工作，将严重地影响计算机的整体性能，甚至会使计算机不能正常工作。

2）支持平台

主板支持的平台有两种，分别是 Intel 平台和 AMD 平台。在 Intel 平台上，北桥芯片中含有内存控制器；在 AMD 平台上，内存控制器在 CPU 里。对 Intel 平台而言，北桥芯片决定了系统支持的 CPU 与内存的类型；AMD 平台则是 CPU 决定了内存的类型。

3) 总线扩展槽

总线(Bus)是计算机各种功能部件之间传送信息的公共通信干线，是由导线组成的传输线束。按照计算机所传输的信息种类，计算机的总线可以划分为数据总线、地址总线和控制总线，分别用来传输数据、地址和控制信号。

总线是一种内部结构，它是 CPU、内存、输入/输出设备传递信息的公用通道，主机的各个部件通过总线相连接，外部设备通过相应的接口电路再与总线相连接，从而形成了计算机硬件系统。

总线扩展槽是主板上用于固定扩展卡并将其连接到系统总线上的插槽，也称扩展槽、扩充插槽。扩展槽可用于添加或增强计算机的特性及功能，常用的有 PCI 扩展槽、AGP 扩展槽、内存插槽、CPU 插槽、IDE 接口、SATA 接口、HDMI 接口和电源接口，具体的使用方法将在后文中讲解。

4) 主板选购

主板作为计算机中一个非常重要的部件，其质量的优劣直接影响着整个计算机的工作性能。

(1) 最先考虑的应是品牌。

目前市场上比较著名的品牌主板厂商有微星、技嘉、华硕等，这些主板的做工、稳定性、抗干扰性等，都处于同类产品的前列，更为重要的是这些品牌生产商提供了免费三年的质保，而且售后服务也非常完善。

当然，如果想要自己进行组装，也可以选择类似技铭、昂达、映泰等品牌的主板，它们大多数有良好的品质和较高的性价比，而且也提供一年或三年的质保期，比较适用于组装计算机。

(2) 最先确定的应是平台。

依照支持 CPU 类型的不同，主板产品有 AMD 平台和 Intel 平台之分，不同的平台决定了主板的不同用途。相对来说，AMD 平台有着很高的性价比，而且平台日趋成熟，游戏性能比较强劲，是目前游戏爱好者的较好选择。虽然 AMD 平台日趋成熟但还是免不了存在一些问题，所以购买时尽量选择较稳定的平台。Intel 平台以稳定著称，但现在价格较高而且使用时散发的热量过大，并非个人的最好选择，而其平台的稳定和成熟是毋庸置疑的。

为了挑选到合适的平台，用户应该先明确计算机的使用用途，然后再根据自身的实际需要，进行有针对性的选择。如果希望计算机能作为服务器运行，则应该选用 Intel 平台，毕竟稳定才是服务器的第一追求；对于经常进行视频压缩处理的用户也应该考虑 Intel 平台；对于喜欢自己组装计算机的个人用户和游戏玩家来说，可以选用 AMD 平台，并搭配性价比较好的 AMD CPU。

(3) 最要仔细观察的是做工。

主板做工的精细程度会直接影响主板的稳定性，因此在挑选主板时，必须仔细观察主板的做工情况。目前主板市场上，有不少杂牌主板厂商为了降低成本，在选料和做工方面大做文章，有的商家甚至以假乱真，导致主板性能极不稳定。

为了避免挑选到劣质主板，购买时一定要仔细观察主板的用料和做工情况。首先需要观察主板的印刷电路板的厚度，一般情况下四层 PCB 板即为标准，当然有的高质量主板可以达到六层。在确保厚度的前提下，再仔细观察 PCB 板边缘是否光滑，如果用手触摸，应该没有划手的感觉。之后应该再检查一下主板上的各焊接点是否饱满有光泽，排列是否十分整洁，然后用手感觉一下扩展槽孔内的弹片是否弹性十足。最后，还要观察 PCB 板的走线布局，如果布局不合理，可能会导致邻线间相互干扰，从而降低系统的稳定性。除此之外，主板上的电容质量也不能忽视，因为它对主板的供电电压和电流的稳定起着很重要的作用。

　　(4) 最容易忽视的是扩展性能。

　　主板的扩展性能往往容易被一些用户忽视。主板技术的发展是日新月异的，也许刚刚买到的主板，在很短的时间内就不能满足使用要求了。为此，在选购主板时，千万不要忽视主板日后的扩展升级"本领"，例如支持内存扩充的能力以及可以增加的插卡数等，都是主板扩展性能的体现。当然，在注重主板的扩展"本领"时，应适可而止，不能片面地追求功能多、容量大，否则不但不能充分利用扩展性能，还容易造成资源或资金上的浪费。

　　(5) 最值得注意的是细节。

　　许多人一提到挑选主板，往往都会将目光集中到型号、品牌、价格等方面，其实还有许多重要的细节容易被忽视。

　　首先，应该检查 CPU 插座在主板上的位置是否合理。如果 CPU 插座距离主板边缘较近，那么在空间比较狭小的机箱中安装 CPU 散热片就非常麻烦；另外，CPU 插座的位置如果太靠近电容，也不好安装 CPU 散热片，而且电容很容易被损坏。

　　其次，要检查主板上内存插槽的位置，在安装上 AGP 卡后是否插拔困难，或者因内存的位置过于靠右，一旦安装上光驱，内存插槽可能会被挡住。在选购主板时，只要注意到这些细节，就能避免日后使用时的麻烦。

　　第三，应该注意 ATX 电源接口的位置。如果该接口位于 CPU 和左侧 I/O 接口之间，则可能会出现电源连线过短的现象，而且还会影响 CPU 热量的散发；ATX 电源接口最好位于主板上边缘靠右的一端，也可以位于内存插槽和 CPU 插座之间。

　　还有一点需要注意的是跳线位置。如果需要提高主板上的硬跳线，就必须注意跳线位置是否会被日后安装的插卡挡住。即使没有硬跳线，也应该考虑 CMOS 放电时的跳线会不会被遮挡。只有考虑到这个细节，日后跳线时才不会遇到麻烦。

　　(6) 最不能忘记的是服务。

　　考虑到主板的技术含量比较高，而且价格也不便宜，即使质量再好的产品，也容易损坏，因此在挑选主板时，一定要注意考虑商家能否为自己提供完善的售后服务。在检验主板销售商提供的售后服务是否完善时，可以考查以下几个因素：

　　① 检验销售商提供的质保承诺。在正常情况下，正规品牌的主板应提供三年的质保承诺，15 天之内应该能够更换。

　　② 检验维修周期的时间长短。一般来说，维修时间应不超过一周。

　　③ 应该检查销售商能否提供完整的附件，包括是否有中文的产品说明书，是否有精致的外包装，提供的配件产品是否齐全，有没有正规的销售发票，能否提供保修卡等。

　　④ 考察主板的保修网点的数量。有些品牌的主板在国内的维修网点很少，用户每次遇

到主板故障需要维修时，都要通过销售商间接送往维修点，这给维修带来了很大的麻烦。

⑤ 考察当地维修点的维修级别。有些主板的维修点是代理商级别的，在维修技术方面不如原生产厂家，此时用户不妨挑选可以获得原厂维修的主板。

二、CPU

CPU 是中央处理单元(Central Process Unit)的缩写，简称微处理器(Microprocessor)，人们经常将其直接称为处理器(Processor)，如图 1.18 所示。CPU 是计算机的核心，其作用和大脑很相似，主要负责处理、运算计算机内部的所有数据。CPU 的种类决定了计算机使用的操作系统和相应的软件。CPU 主要由运算器、控制器、寄存器组和内部总线等构成，与存储器、输入/输出接口和系统总线组成完整的计算机。

(a) Intel Socket 1150　　　　　　　　(b) AMD Socket AM3+

图 1.18　CPU

1．CPU 的主流产品

目前，CPU 市场竞争非常激烈，Intel 和 AMD 各显其能，新产品层出不穷。表 1.1 列举了常见的 CPU 产品。

表 1.1　常见的 CPU 产品

Intel		AMD	
高端	低端	高端	低端
酷睿 i7	奔腾	FX-8350	速龙系列
酷睿 i5	赛扬	FX-8300	闪龙系列
酷睿 i3	—	FX-6300	—

1) AMD 的 CPU 特点

优点：超频性能良好；价格低廉。

缺点：发热量大，运行不稳定；原装风扇性能差。

建议客户群：喜欢自己动手组装的用户、游戏玩家、网吧。

2) Intel 的 CPU 特点

优点：运行稳定；市场占有量大。

缺点：价格偏高。

建议客户群：对计算机硬件不太了解的用户。

2. CPU 接口

CPU 需要通过特定的接口与主板连接才能进行工作。CPU 采用的接口方式有引脚式、卡式、针脚式、触点式等。目前 CPU 的接口都是针脚式接口，对应到主板上就有相应的插槽类型。CPU 接口类型不同，在插孔数、体积、形状上都有变化，所以不能互相接插。主流 CPU 接口如表 1.2 所示。

表 1.2　主流 CPU 接口

Intel CPU 接口	AMD CPU 接口
LGA1150	FM2
LGA1151	FM2+
LGA2011	Socket AM3+
LGA2011-V3	—

3. CPU 的技术参数

(1) 主频。主频是 CPU 内核运行时的时钟频率，即 CPU 的时钟频率(CPU Clock Speed)。通常主频越高，CPU 的速度越快。

(2) 外频。外频又称外部时钟频率，它和计算机系统总线的速度一致，是 CPU 与外部设备(内存、硬盘、主板)交换数据时的速度。外频越高，CPU 的运算速度越快。

(3) 前端总线(Front Side Bus，FSB)。前端总线是 CPU 和北桥芯片之间的通道，负责 CPU 与北桥芯片之间的数据传输。

(4) 倍频。倍频是指 CPU 的时钟频率和系统总线频率(外频)相关的倍数。倍频越高，时钟频率就越高，倍频=主频/外频。

(5) 超频。超频是通过提高外频或倍频实现的，即 CPU 在超越标准主频的频率下工作。

4. 高速缓存(Cache)

高速缓存具有以下功能：

① 它是一种存储器；

② 一般集成在 CPU 内部；

③ 用于存放数据与指令；

④ 运行速度介于 CPU 和内存之间，分为一级、二级、三级缓存。

CPU、缓存、内存、硬盘的运行速度比较：CPU＞缓存＞内存＞硬盘。

一级缓存(L1 Cache)内置在 CPU 内部并与 CPU 同速运行，可以有效地提高 CPU 的运行效率。一级缓存越大，CPU 的运行效率越高，但受到 CPU 内部结构的限制，一级缓存的容量都很小。

二级缓存(L2 Cache)对 CPU 运行效率的影响也很大，现在的二级缓存一般都集成在 CPU 中，分为芯片内部和外部两种。集成在芯片内部的二级缓存的运行频率与 CPU 的相同，一般称为全速二级缓存；而集成在芯片外部的二级缓存的运行频率是 CPU 运行频率的一半，即半速二级缓存，因此运行效率较低。

目前所有主流处理器大都具有一级缓存和二级缓存。其中，一级缓存可分为一级指令缓存和一级数据缓存。一级指令缓存用于暂时存储并向 CPU 递送各类运算指令；一级数据缓存用于暂时存储并向 CPU 递送运算所需的数据。

二级缓存就是一级缓存的缓冲器。一级缓存制造成本很高，因此其容量有限，二级缓存的作用就是存储那些 CPU 处理时需要用到、一级缓存又无法存储的数据。同理，三级缓存和内存可以看做是二级缓存的缓冲器，它们的容量递增，但单位制造成本却递减。需要注意的是，无论是二级缓存、三级缓存还是内存都不能存储处理器操作的原始指令，这些指令只能存储在 CPU 的一级指令缓存中，而余下的二级缓存、三级缓存和内存仅用于存储 CPU 所需的数据。

以实际生活为例，CPU 好比是工厂，一级缓存是城市工厂里的仓库，二级缓存是城市中的其他仓库，内存则是郊区的仓库，它们之间的距离越来越远，如图 1.19 所示。

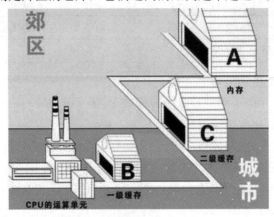

图 1.19　CPU、缓存、内存关系图

5．多核技术

2005 年以前，单纯地提升主频已无法为提升系统整体性能带来明显的效果，并且高主频也使处理器的发热量增加。在这种情况下，出现了多核心处理器系统。其中，双核心处理器是在一个处理器上设置两个功能相同的处理器核心，就是将两个物理处理器核心整合到一个内核中。

目前，市场上主流家用计算机中的 CPU 已经实现了四核心、六核心及八核心技术。

6．64 位技术

64 位技术是相对于 32 位而言的，64 位就是说处理器一次可以运行 64 位数据。64 位处理器主要有两大优点：

(1) 可以进行更大范围的整数运算。

(2) 可以支持更大的内存。

另外，要实现真正意义上的 64 位计算，光有 64 位的处理器还不行，还必须有 64 位的操作系统以及 64 位的应用软件。目前适合个人使用的 64 位操作系统有 Windows 7/8/8.1/10 等。

7．CPU 选购

(1) 明确购机目的。用户的计算机是用来上网还是进行三维图形处理，是用来玩较高要求的游戏还是仅仅用来进行办公自动化，这些方面都需要考虑。

(2) 考虑经济条件。在有限的经济条件下，选购适合自己的 CPU 产品。

(3) 对自己的计算机水平要有清醒的认识。如果用户购买了一个高价的 CPU，这个 CPU

在随后的两个月内可能会大幅降价，如果该用户精通计算机，在这两个月内主要进行三维图形制作、玩 3D 游戏或大规模的科学计算等，CPU 可以在一定程度上发挥最大的效用；而如果该用户不熟悉计算机，在这两个月内多半是了解、学习如何使用计算机，那么 CPU 就没有发挥它的最高效能。

三、内存

从功能上分析，可以将内存控制器看做是内存与 CPU 之间的"桥梁"，内存也就相当于"仓库"。显然，内存的容量决定"仓库"的大小，而内存的速度则决定"桥梁"的宽窄，两者缺一不可，这就是我们常常提到的"内存容量"与"内存速度"。

当 CPU 需要内存中的数据时，它会发出一个由内存控制器所执行的命令，内存控制器接着将该命令发送至内存，并在接收数据时向 CPU 报告整个周期(从 CPU 到内存控制器和内存再回到 CPU 的过程)所需的时间。毫无疑问，缩短整个周期是提高内存速度的关键，而这一周期则是由内存的频率、存取时间、位宽决定的。更快速的内存技术对整体性能表现具有重要作用，但是提高内存速度只是解决方案的一部分，数据在 CPU 以及内存间传送所花费的时间通常比处理器执行功能所花费的时间更长，为此缓冲器被广泛应用。其实，所谓的缓冲器，就是 CPU 中的一级缓存与二级缓存，它们是内存这座"大桥梁"与 CPU 之间的"小桥梁"。

1. 主流内存

目前计算机配件中的内部存储器主要指 DDR3 SDRAM，即第三代双倍数据率同步动态随机存取存储器(Double-Data-Rate Three Synchronous Dynamic Random Access Memory)，它是市场当前普及的新型高性能内部存储器，如图 1.20 所示。

图 1.20　DDR3 SDRAM

内存芯片实际上是由上百万个独立的单元(Cell)组成的，每个 Cell 都存储数据的一个比特(也就是一个"0"或"1")。一兆字节(1 MB)内存包含 8 192 000 个内存 Cell。每个内存芯片的总容量通常以 Mebibit(Mb)为单位进行描述，因为一字节等于 8 比特，因此一个 64 Mb 的芯片可提供 8 MB 内存空间，而 256 MB 的模组需要 32 个 64 Mb 的芯片。

内存的每个 Cell 都由电容器和访问晶体管组成，电容器有两种状态，即充电和未充电，分别对应二进制的"0"和"1"。要将数据写入 Cell，只需对电容器进行充电(应用高电压)或放电(应用低电压)操作。将访问晶体管关闭后，数据就会被存储到 Cell 中，相当于将高电压或低电压"困"在电容器内部。如果要读取数据，只需应用一个介于高、低电压之间的电压，随后打开晶体管，即可读取数据。每几毫秒，电容器都需要应用电压进行刷新，因此这种技术也称为"动态"RAM。

内存储器的接口类型可根据内存条金手指上导电触片的数量来判别。导电触片数也称为针脚数(Pin)。针对台式机开发出的 DDR3 SDRAM 拥有 240 Pin，它和早期的 DDR SDRAM、DDR2 SDRAM 的接口设计各不相同，因此，它们之间无法兼容，如图 1.21 所示。

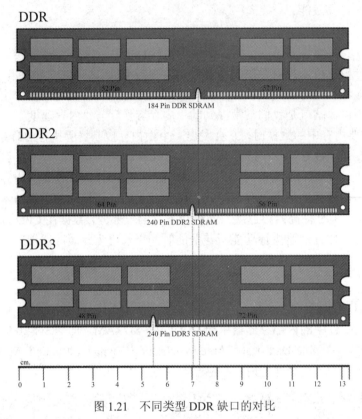

图 1.21　不同类型 DDR 缺口的对比

2．内存的单位和容量

1) 单位

$$1\ TB = 1024\ GB，1\ GB = 1024\ MB，1\ MB = 1024\ KB$$
$$1\ KB = 1024\ B，1\ B = 8\ bit$$

其中：bit 是位的意思；B 是 Byte 的英文简写，即字节；KB 是英文 Kilo Byte 的简写，即千字节；MB 是英文 Mebibyte 的简写，即兆字节；GB 是英文 Giga Byte 的简写，即吉字节；TB 是英文 Tera Byte 的简写，即太字节。

2) 容量

　　内存容量是指该内存条的存储容量，是内存条的关键性参数。内存容量以 MB 作为单位，可以简写为 M，读作"兆"。内存容量一般都是 2 的幂，比如 64、128、256 MB 等。一般而言，内存容量越大越有利于系统的运行。目前台式机中主流采用的内存容量为 4、8 GB，2 GB 以下的内存已较少采用。

3．双通道内存技术

1) 双通道概念

　　双通道就是在北桥芯片里设计两个内存控制器，这两个内存控制器可相互独立工作，每个控制器控制一个内存通道。在这两个内存通道中，CPU 可分别寻址、读取数据，从而使内存的带宽增加一倍，数据存取速度理论上也相应增加一倍。随着内存价格的不断走低，越来越多的用户在装机时首选两条内存来组建双通道模式，但是对于一些新手来说，如何组建双通道是一个大问题。

2) 搭建双通道平台

组建双通道平台可以按照以下步骤进行：

(1) 观察 CPU 是否支持双通道。AMD 的 64 位 CPU 集成了内存控制器，因此判断其是否支持内存双通道只要观察 CPU 就可以了。如果实际使用时感觉带宽增加得不明显，建议直接使用单条高容量内存。相对来说，Intel 的 CPU 双通道性能比 AMD 的要好一些。

(2) 观察主板是否支持双通道。计算机是否可以支持内存双通道主要取决于主板芯片组，支持双通道的芯片组在说明书中会有描述，也可以查看主板芯片组的资料。内存双通道一般要求按主板上内存插槽的颜色成对使用，有些主板还要对 BIOS 进行设置，一般在主板说明书中会有说明。

(3) 有些芯片组在理论上支持不同容量的内存条以实现双通道，不过实际使用时还是建议尽量采用参数一致的两条内存条。

(4) 当系统已经实现双通道后，有些主板在开机自检时会有提示，可以仔细观察。由于自检速度比较快，可能看不到这些信息，因此可以使用一些软件查看自检信息，例如比较小巧的 CPU-Z 软件。打开 CPU-Z，在"Memory"中有"Channels"项目，如果这里显示"Dual"，就表示已经实现了双通道。两条 2 GB 的内存构成的双通道会比一条 4 GB 的内存构成的双通道的使用效果好。

4．内存选购

目前性价比高且大众化的内存品牌是威刚和金士顿。

1) 威刚

威刚是台湾地区的第一大独立内存厂商，而且其产品在市场上的占有率也较高，其产品的品质和售后服务都得到了用户的首肯。威刚旗下的万紫千红系列更是以超低的价格赢得了学生的喜爱。

威刚的内存产品销量较好，并且假货很少。主要原因是万紫千红系列的内存的零售价格较低；其次是威刚的渠道体系良好，使得假货很难流通。

2) 金士顿

作为世界第一大内存生产厂商的金士顿(Kingston)，其内存产品自进入中国市场以来，就凭借优秀的产品质量和一流的售后服务，赢得了众多中国消费者的喜爱。

金士顿的内存产品所使用的内存颗粒既有金士顿自己的，又有如现代(Hynix)、三星(Samsung)、南亚(Nanya)、华邦(Winbond)、英飞凌(Infinoen)、美光(Micron)等众多厂商的。

四、硬盘

由于内部存储器无法满足大量数据长久保存和方便携带的需要，因此各种类型的外部存储器应运而生，如硬盘、光盘和一些新型的移动存储设备等。

硬盘仍然是目前重要的外部存储设备，如图 1.22 所示。消费市场上的硬盘按照不同接口类型可分为已淘汰的 IDE 接口硬盘、主流的 SATA 接口硬盘，以及服务器用途的 SAS 接口硬盘。硬盘的性能主要由转速、缓存容量、接口类型、平均寻道时间、单碟容量和存储容量所决定，这些参数一般在硬盘表面的铭牌上都会有所标注。另外，硬盘的跳线设置、容量大小、生产厂商、型号、产地等都会在铭牌上有所体现。硬盘的主流品牌是西部数据和希捷。

图 1.22　SATA 接口硬盘

以西部数据公司的 SATA 接口硬盘为例，其型号特点体现为硬盘上所贴纸张的颜色，包括黑色、蓝色、绿色、红色、紫色等。黑色代表性能高、缓存大、速度快；蓝色代表性价比整体比较平衡；绿色代表环保型产品，具有静音效果，性能一般；红色代表寿命长、故障少，适于网络存储；紫色代表监控用途。

需要注意的是：硬盘厂商标识的容量一般遵循 1000 进位原则，这和计算机存储采用的 1024 进位有所不同。一般来说，当对硬盘进行格式化操作后，其可用容量要约小于硬盘标识的容量。

五、电源

电源是计算机主机的动力源泉。根据机箱工业标准的不同，电源可分为 ATX、BTX 两种类型。目前，ATX 电源应用较为广泛，如图 1.23 所示。电源的作用是为各部件提供能源，电源性能是否稳定对计算机能否正常工作有相当大的影响。

　　　　(a) 电源实物图　　　　　　　　　　　(b) 电源标签

图 1.23　ATX 电源

ATX 电源提供多组接口，包括 20 + 4Pin 主板供电接口、4Pin CPU 辅助供电接口、SATA 设备供电接口等，如图 1.24 所示。

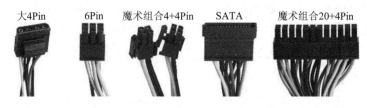

图 1.24　ATX 电源接口示意图

六、显示器

显示器是计算机的主要输出设备。目前常用的显示器主要有三种类型：CRT 显示器、液晶显示器(又称 LCD 显示器)、LED 显示器，如图 1.25 所示。相对于 CRT 显示器，LED 和 LCD 显示器具有重量轻、体积小、辐射低、外形时尚、对人体健康危害小的特点。随着显示器品质的不断提高和价格的不断降低，LCD 显示器逐渐成为显示器的主导。显示器的品牌主要有三星、AOC、飞利浦、LG 等。

(a)　CRT　　　　　　　　　　(b)　LCD　　　　　　　　(c)　LED

图 1.25　显示器

七、其他配件

1. 显卡

显卡又称显示适配器，如图 1.26 所示，主要分为扩展卡式的独立显卡和主板集成式显卡两种。显卡中图形处理芯片的品质和显存的大小会直接影响显卡的最终性能表现，显示芯片处理完数据后会将数据输送到显存中，然后 RAM DAC 会从显存中读取数据并将数字信号转换为模拟信号，最后输出到显示屏。新型显卡的输出端包括 RCA 复合视频信号输出、DVI 数字信号输出、VGA 模拟信号输出三个接口。RCA 接口的外框为圆形，呈单针状，一般用来连接电视；DVI 接口的外框为长方形，呈两排插孔式排列，一般用来连接液晶类数字信号输出的显示器；VGA 接口的外框为梯形，呈三排插孔式排列，一般用来连接 CRT 类模拟信号输出的显示器。

图 1.26　显卡(影驰 GTX750)

用户是否需要购买显卡，要看自己的实际需求。如果用于普通办公、打小游戏或偶尔上网看电影，主板集成显卡完全可以满足使用需求，不建议另行购买显卡；如果需求涉及大型图片处理、视屏编辑、玩大型游戏，则建议购买独立显卡。

2．网卡及光纤卡

网卡也称网络适配器，英文全称为 Network Interface Card，简称 NIC。网卡是网络使用中最基本的部件之一，它是连接计算机与网络的硬件设备。无论是双绞线连接、同轴电缆连接还是光纤连接，都必须借助于网卡才能实现数据的通信。日常使用的网卡都是以太网网卡。按传输速度的不同网卡可分为 10 Mb 网卡、10/100 Mb 自适应网卡以及 1000 Mb 网卡。光纤用户可以采用光纤网卡。双绞线网卡和光纤网卡如图 1.27 所示。

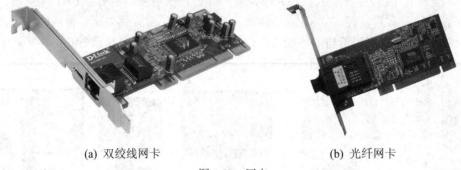

(a) 双绞线网卡　　　　　　　　　　　　　　(b) 光纤网卡

图 1.27　网卡

目前主板都已经集成了网卡，一般不需要单独购买。如果想用双网卡及光纤网卡，则可以单独购买。

3．光驱

光盘驱动器俗称光驱，是以记录光学反射信息来保存数字数据的外部存储器。光盘在光驱中高速转动，激光头在伺服电机的控制下前后移动扫描光盘上的反射大小，以此来读取数据。按光盘存储的容量，由小到大可将光驱分为 CD-ROM 驱动器、DVD-ROM 驱动器以及蓝光驱动器，也包括其各自衍生的光盘刻录机。光盘驱动器普遍采用 SATA 接口。

随着 U 盘容量的增大、价格的降低，现在光驱使用得很少，一般不需要购买。如果偶尔有需要，建议购买 USB 移动光驱；如果有刻盘需要，建议购买蓝光刻录机，如图 1.28 所示。

图 1.28　蓝光刻录机

4．机箱

机箱一般由外壳、支架、散热风扇和面板上的各种开关、指示灯、外置接口组成。机箱结构按照摆放样式可分为立式和卧式两种。组装机市场上流行 ATX 结构，而 BTX 结构主要出现在品牌机市场上。ATX 机箱如图 1.29 所示。

图 1.29　立式 ATX 机箱及背部接口

5．输入/输出设备

输入设备主要用于向计算机输入命令、数据、文本、声音、图像和视频等信息，是计算机系统必不可少的重要组成部分。常用的输入设备有鼠标、键盘、手写笔、麦克风、摄像头、扫描仪等。

输出设备是将计算机处理的信息和响应输送出来，通过声、光、电信号传达给使用者，达到人机互动的目的。常用的输出设备有显示器、打印机、音箱等。

在挑选键盘、鼠标时，应注意键盘、鼠标质量判断的原则，即：拿在手里质量重、引线粗，中指尖划过键盘的声音小。

　思考题

(1) 计算机系统组成部分有哪些？

(2) 计算机关键性硬件包括哪些？

(3) 计算机选购需要注意些什么？

项目二　组装计算机硬件

任务 1　拆卸前的准备

一、工具准备

(1) 小号十字螺丝刀。

(2) 小号平头螺丝刀。

(3) 镊子。

(4) 尖嘴钳。

(5) 空杯盖。

(6) 多用插座板。

(7) 导热膏。

(8) 带镜像启动 U 盘。

二、预备知识

1. 装配操作规程

(1) 器件测试。

(2) 断电操作。

(3) 防静电处理。

(4) 在计算机装配过程中，对所有板卡及配件均要轻拿轻放，不要用力过度。

(5) 使用钳子和螺丝刀等工具时要注意安全。

(6) 固定板卡和设备的螺丝有细纹螺丝和粗纹螺丝两种规格。

2. 整机组装程序

计算机组装的核心是主机部分的组装，无论采用立式机箱还是卧式机箱，其组装方法基本相同。

三、装机前的注意事项

(1) 安装前请确认所使用的机箱尺寸与主板相符。

(2) 安装前请勿任意撕毁主板上的序列号及代理商保修贴纸等，否则会影响产品保修期限的认定标准。

(3) 在安装或移除主板以及其他硬件设备之前，请务必先关闭电源，并且将电源线从插座中拔除。

(4) 安装其他硬件设备至主板内的插座时，请确认接头和插座已紧密结合。

(5) 拿取主板时请尽量不要触碰金属接线部分，以避免线路发生短路。

(6) 拿取主板、中央处理器(CPU)或内存条时，最好戴上防静电手环。若无防静电手环，请确保双手干燥，并先碰触金属物以消除静电。

(7) 在未安装之前，请先将主板放置在防静电垫或防静电袋内。

(8) 在拔除主板电源插座上的插头时，需确认电源供应器处于关闭状态。

(9) 开启电源前需确定电源供应器的电压值设定在所在区域的电压标准值范围内。

(10) 在开启电源前需确定所有硬件设备的排线及电源线都已正确连接。

(11) 请勿使螺丝接触到主板上的线路或零件，避免造成主板损坏或故障。

(12) 请确定在主板上或机箱内没有遗留螺丝或金属制品。

(13) 请勿将主机放置在不平稳处。

(14) 请勿将主机放置在温度过高的环境中。

(15) 在安装过程中若开启电源，可能会损坏主板、其他设备或使安装者受伤。

(16) 用螺丝刀紧固螺丝时，应做到适可而止。

四、组装计算机硬件的一般步骤

计算机的安装步骤和拆卸步骤相反。安装步骤如下：

(1) 在主机箱上安装好电源。

(2) 根据所选 CPU 的类型、速度等对主机进行跳线设置。

(3) 在主板上安装 CPU。

(4) 安装内存条。

(5) 把主板固定到主机箱内。

(6) 将电源连接到主板上的电源线上。

(7) 安装硬盘驱动器、光盘驱动器。

(8) 连接软、硬盘驱动器信号和电源电缆。

(9) 安装显示卡。

(10) 将主板与机箱前面的指示灯及开关的连线相接。

(11) 连接键盘、鼠标和显示器。

(12) 从头再检查一遍，并准备开机通电进行测试。

<h1 align="center">任务2　台式机的拆卸和组装</h1>

一、台式机拆卸

1. 断开电源并移除电源线

首先断开电源，然后拔下主机、显示器以及其他外部设备的电源线。注意：应先拔下主机的电源线，再拔下其他设备的电源线。操作方法如图 2.1 所示。

2．拔下外部设备的连线

拔下键盘、鼠标、网线、USB 电缆、显示器数据线、打印机数据线等各种外设的连线。注意：显示器和打印机的数据线是用螺丝固定在机箱接口上的，应先松开螺丝再向外平拉，如图 2.2 所示。

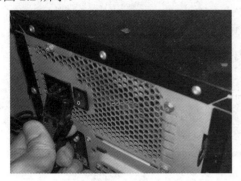

图 2.1　拔出计算机电源线　　　　　　　　　图 2.2　拔出所有外设连线

3．打开机箱盖板

拆卸台式机时，一般不需要拆卸机箱两侧盖板(若要拆卸硬盘，则需拆卸两侧盖板)，只需拆下左侧的盖板即可，如图 2.3 所示。

4．观察机箱内部部件及其连接方式

拆开机箱盖板后，找到主板、CPU、内存条、电源、显卡、声卡、网卡、硬盘、软驱、光驱的安装位置，并仔细观察它们的连接方式，如图 2.4 所示。

图 2.3　拧下计算机侧板螺丝　　　　　　　　图 2.4　观察计算机组成

5．拆卸显卡

用螺丝刀松开显卡的固定螺丝，并用双手捏紧显卡的上边缘，垂直向上拔下显卡(注意，勿用手捏显卡的电路板)，如图 2.5 所示。

6．拔下驱动器电源线

硬盘、光驱、软盘电源线的一端插在驱动器上，另一端则与电源连接。捏紧电源线插头两端，水平方向拔出，不要使劲晃动插头，如图 2.6 所示。

图 2.5　拧下显卡固定螺丝

图 2.6　拔出驱动器电源线

7. 拔下驱动器数据线

硬盘、光驱、软盘数据线的一端插在驱动器上，另一端则插在主板的接口插座上，捏紧数据线插头两端，水平方向即可拔出这些数据线，如图 2.7 所示。有些设备自带固定卡扣，拔除时要注意掀开卡扣。

图 2.7　拔出光驱的连线

8. 拔下主板、CPU 及风扇的电源插头

主板、CPU、风扇的电源插头都带有固定卡扣，在拔除时要掀开卡扣，同时注意观察安装方向，如图 2.8～图 2.10 所示。

图 2.8　主板电源插头

图 2.9　CPU 电源插头

图 2.10　机箱风扇电源插头

9. 拔下前面板连接线

前面板连接线包括电源开关、复位开关、硬盘指示灯、电源指示灯、前置 USB 连线、前置音频连线等。在拔下这些连线前应注意每个插接头在主板上的安装位置、方向及接线颜色，并对它们的安装顺序做好记录，如图 2.11 所示。

10. 取出主板

松开固定主板的螺丝，将主板从机箱取出，如图 2.12 所示。注意，勿用手触摸电路板。

图 2.11　拆除前面板与主板连接线　　　　　　　图 2.12　取出主板

11. 拆卸 CPU 散热风扇

(1) 从 CPU 风扇插座上拔出 CPU 风扇的电源线，如图 2.13 所示。

(2) 按照对角线顺序将散热器螺钉依次从主板上拆除，如图 2.14 所示。

图 2.13　拔出 CPU 风扇电源插头　　　　　　图 2.14　拧下 CPU 风扇螺钉

(3) 轻轻取下散热器，如图 2.15 所示。

(4) 解开 CPU 固定销子，如图 2.16 所示。

图 2.15　取下 CPU 散热器　　　　　　图 2.16　解开 CPU 固定销子

(5) 打开 CPU 固定盖，如图 2.17 所示。

(6) 取出 CPU，如图 2.18 所示。

图 2.17　打开 CPU 固定盖

图 2.18　取出 CPU

12．拆卸内存条

向两边掰开内存插槽两端的卡子，内存条会自动弹出，如图 2.19 所示。

13．拆卸驱动器

先拧下支架两侧的固定螺丝，向前抽出驱动器即可。注意：拧下最后一颗螺丝时要用手握住硬盘、光驱、软驱，防止其掉落，如图 2.20 所示。

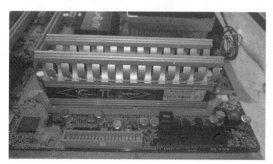

图 2.19　取下内存条

图 2.20　取下驱动器

14．拆卸电源

(1) 观察电源与主机箱的紧固方式。

(2) 拆卸紧固电源的螺丝钉，取出电源，如图 2.21 所示。

15．摆放部件

将拆卸下来的部件摆放整齐，如图 2.22 所示。

图 2.21　拆卸计算机电源

图 2.22　所有取下的计算机部件

二、台式机组装

下面以华硕 Z97-A 主板为例介绍台式机的组装方法。

1. 主板安装

将主板安装到计算机的主机箱内时，务必确认其安装方向是正确的。主板外接插头的方向应朝向主机箱的后面板，而且主机箱后面板也有相对应的预留孔位。将图 2.23 中圈选出来的九个螺丝孔位对准主机机箱内相应的螺丝孔，接着再将螺丝一一拧紧，固定主板。注意：螺丝不能锁得太紧，否则容易导致主板的印刷电路板生成龟裂。

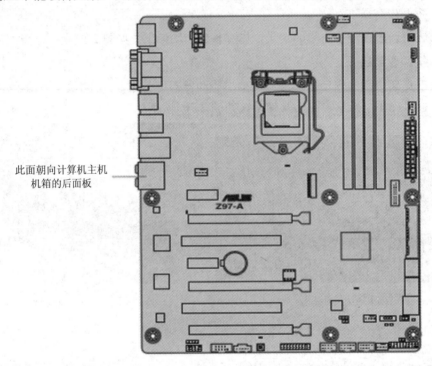

此面朝向计算机主机机箱的后面板

图 2.23　主板固定

2. 中央处理器(CPU)安装

本型号主板有一个LGA1150处理器插槽,该插槽可支持第四代/第五代Intel酷睿 i7/i5/i3 以及奔腾处理器。购买新主板时，要确保在 LGA1150 插座上附有一个即插即用的保护盖，并且插座接点没有弯曲变形。若有保护盖但已经丢失或者没有保护盖，或是即插即用接点已经弯曲，应立即与经销商联系。安装主板后，应保留即插即用保护盖，它是华硕维修与保修的凭证。

安装 CPU 时，要注意使 CPU 上的凹槽和插槽上的凸出点相对应，并正确操作，如图 2.24 所示。

如果用户购买的是散装的 CPU 散热器和风扇，在安装散热器和风扇之前，要确认散热器或 CPU 上已经正确地涂上了散热膏，如图 2.25 所示。

散热膏涂抹均匀后，按照如图 2.26 所示的步骤安装 CPU 的散热器和风扇，并接好散热器电源。

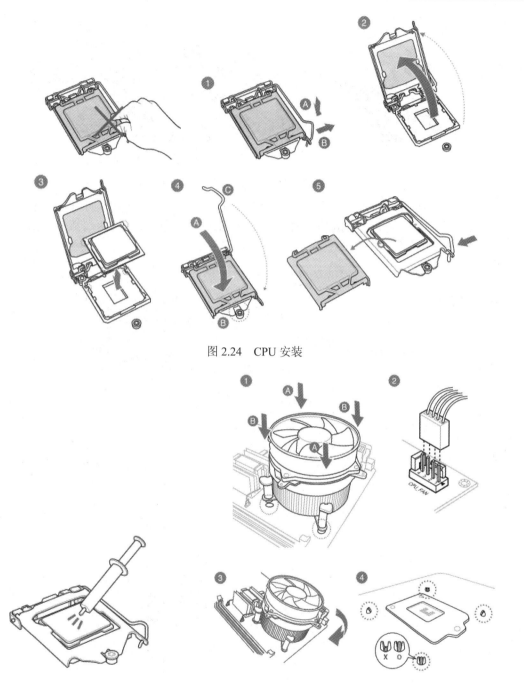

图 2.24 CPU 安装

图 2.25 CPU 涂散热膏　　　　　　图 2.26 CPU 散热器安装

3．内存安装

该型号主板提供了四组 DDR3(Double Data Rate，双倍数据传送率)内存插槽，支持双通道技术。四条内存的设置如图 2.27 所示。当只有一个内存条时，可将其插入 DIMM_A2槽中；若有两个内存条时，则应分别插入 DIMM_A2 槽和 DIMM_B2 槽中，插入方法如图2.27 箭头所示。DDR3 内存条和 DDR 或 DDR2 内存条不同，请勿混淆。

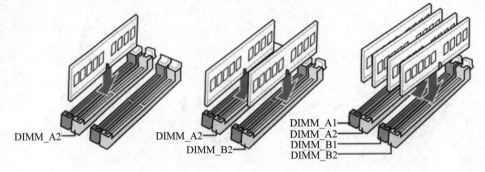

图 2.27　内存条的设置

安装时，轻轻打开卡扣，两手置于内存条两端，对准缺口，垂直方向用力，感受到两端"咔"一响，内存条即安装成功，如图 2.28 所示。大多数内存插槽两端都有卡扣。

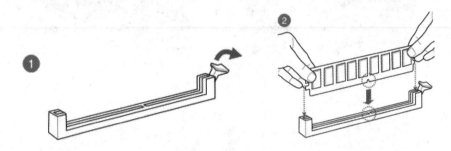

图 2.28　内存条的安装

4．机箱面板线连接

(1) 系统控制面板连接排针(20-8 Pin PANEL)。

系统控制面板连接排针包括数个连接到计算机主机前面板的功能接针，如图 2.29 所示。

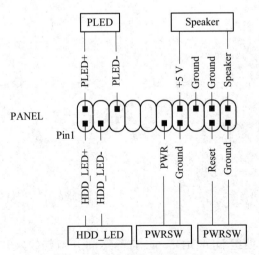

图 2.29　系统控制面板连接

PLED：系统电源指示灯连接排针。在启动并使用计算机的情况下，该指示灯会持续发亮；而当指示灯闪烁发光时，表示计算机正处于睡眠模式中。

HDD_LED：硬盘动作指示灯接针。当硬盘进行存取动作时，指示灯立即亮起。

Speaker：机箱喇叭连接排针。

PWRSW：ATX 电源/电源开关连接排针。

Reset：重启。

(2) USB 连接插槽。

主板上的 USB1314、USB1112、USB910 连接插槽支持 USB 2.0 规格，传输速率最高可达 480 Mb/s。可以将 USB 模块排线连接至任何一个插槽，安装时需要注意辨别一位缺针方向，如图 2.30 所示。

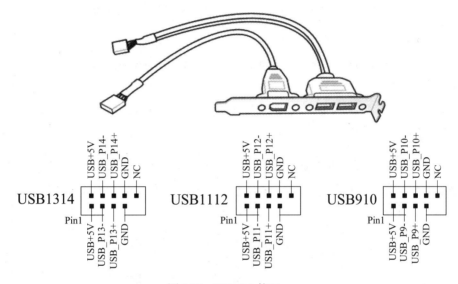

图 2.30 USB 2.0 接口

主板上的 USB3_12 是 USB 3.0 接口，传输速率最高可达 5 Gb/s，对可充电的 USB 设备具有更快的充电速度和最佳的能源效率，还具有向下兼容 USB 2.0 的特性，如图 2.31 所示。

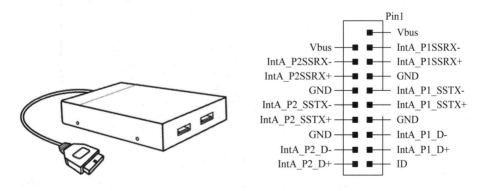

图 2.31 USB 3.0 接口

(3) 前面板音频连接排针。

前面板音频连接排针应连接到机箱前面板的音频线，如图 2.32 所示。注意利用中间缺针处确认插孔方向。

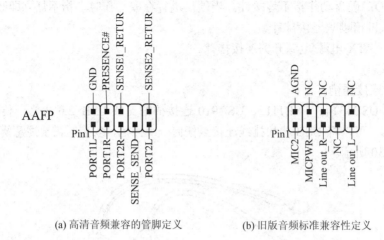

(a) 高清音频兼容的管脚定义　　　　　(b) 旧版音频标准兼容性定义

图 2.32　前面板音频线连接

三、组装后整机检测

组装后的计算机整机检测软件有 CPU-Z、鲁大师、GPUZ 等。CPU-Z 比较常用，下载、安装该软件后，启动程序检测，如图 2.33 所示。该软件还可以查看处理器、缓存、主板、内存、显卡等详细信息。

图 2.33　CPU-Z 检测

任务 3　笔记本电脑的拆卸和组装

一般情况下，用户很少会遇到笔记本电脑的拆卸及组装情况。用户在购买一台新的笔记本电脑并使用两三年后，如果感觉运行速度慢、开机时间长，可以进行加内存条、加固体硬盘等操作以及清理灰尘的保养工作。下面以华硕 N550 笔记本电脑为例，如图 2.34 所示，详细讲解笔记本电脑加内存条、固体硬盘的操作及其日常保养。

图 2.34　华硕 N550 笔记本

一、准备工作

现有华硕 N550 笔记本电脑一台，CPU 是 i7-4700，主频为 2.4 GHz，内存为 DDR3 1600 低电压版 4 GB，1 TB 硬盘。使用一年多后，由于系统升级成 Windows 10，启动时间变长，系统反应变慢，现对其进行清理灰尘处理并加内存条和固体硬盘。

准备 SSD 固体硬盘、9.5 mm 光驱硬盘托架、移动光驱盒、启动 U 盘(安装系统用)、T5 螺丝刀、平口小螺丝刀等，如图 2.35 所示。

图 2.35　准备工作

二、规范拆卸笔记本电脑

(1) 在"我的电脑"中，双击光驱后，选择弹出光驱，关机。

(2) 笔计本电脑底部外壳可见的螺丝都需要拧下来，使用 T5 六角螺丝刀，并把卸下的螺丝分类摆放整齐。

(3) 底部螺丝卸完后，由于华硕这款笔记本电脑做工很好，塑料卡扣卡得很紧，建议用平口小螺丝刀在如图 2.36 所示的"X"处轻轻插入，沿着周边慢慢起开卡扣。如果笔记本电脑使用时间较长，卡扣老化，起开底部外壳的时候容易造成卡扣断裂。打开底部外壳图示如图 2.37 所示。

图 2.36　华硕 N550 底部外壳螺丝分布

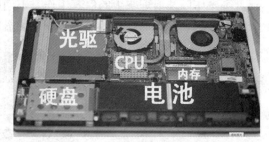

图 2.37　打开底部外壳图示

三、灰尘清理

(1) 笔记本电脑如果在干净清爽的环境下使用可以保持两年正常工作，在灰尘多的使用环境下半年就需要清理一次灰尘。如若笔记本电脑风扇声音很大，就需要清理一次灰尘，否则容易造成风扇中轴损毁，使风扇无法工作，导致开机几分钟蓝屏或无法开机。

(2) 清理灰尘时，忌讳用嘴去吹，因笔记本电脑集成度高，通电后所沾的口水容易造成短路，因此需要专用工具进行清理，如图 2.38 所示。

图 2.38　电脑清洗、清理工具

(3) 灰尘最容易附着的地方是风扇、处理器及芯片附近。风扇用刷子清理，主板用小吸尘器吸或小清理球吹干净，导热管可以用专用清洁剂清洗后吹干，内存条用纤维清洁布清理，如图 2.39 所示。屏幕、键盘的清理如图 2.40 所示。

图 2.39　风扇、主板灰尘清理

图 2.40　屏幕、键盘清理

四、加 SSD 固体硬盘

华硕这款笔记本电脑原装的只有一个 2.5 寸 1 TB 的机械硬盘，启动、操作、打开应用都比固体硬盘慢，理论上固体硬盘的速度是机械硬盘的 10 倍。因为固体硬盘以半导体作记忆介质，而机械硬盘以磁道作记忆介质，所以在工作原理上有根本的区别；在读写速度上固体硬盘比机械硬盘快很多，在安全级别上比机械硬盘抗震动、抗摔、安全性能更高。

1．卸载原光驱

更换笔记本电脑硬盘时，可以把机械硬盘直接换成 SSD 固体硬盘，光驱不动。但由于大容量固体硬盘价格昂贵，平时光驱很少使用，所以一般都会选择多加一块小容量 SSD 固体硬盘，原光驱的位置安装原机械硬盘，SSD 固体硬盘安装在原机械硬盘的位置上。打开底部外壳，如图 2.37 所示，光驱的地方有一颗固定螺丝，拧下来后，再把遮挡光驱的金属长条卸下，拉出光驱，如图 2.41 所示。

图 2.41　卸载光驱

2．卸下光驱挡板

取下光驱后，用针或牙签等细小坚硬物顶一下光驱挡板处的小孔，光驱会自动弹出，再用小螺丝刀按压一下如图 2.42 所示圆圈里的塑料扣头，取下光驱塑料挡板。注意：由于做工的原因，华硕这款光驱的塑料挡板扣得很紧，取出时适当用力，以免造成挡板塑料扣头断裂。

图 2.42　卸下光驱挡板

3．卸载原硬盘

硬盘位于主机左下角，卸载时注意的细节比较多，要有耐心。卸载硬盘架时应先卸下如图 2.43 所示的圆圈处的三颗螺丝，右下角的螺丝在拆光驱的时候已经卸下了。华硕笔记本电脑做工比较精致，硬盘架侧面还有四颗螺丝，如图 2.44 所示，卸下这四颗螺丝后取出硬盘架。

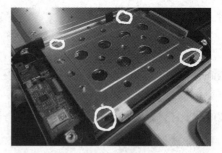

图 2.43　硬盘架正面螺丝　　　　　　　　图 2.44　硬盘架侧面螺丝

　　取出硬盘架后就可以把硬盘拿下来了，但由于硬盘接口是活动的，所以千万不能用力硬拉，以免弄断排线，此时需要用一个小平口螺丝刀轻轻撬一下，慢慢分离排线，如图 2.45 所示。

图 2.45　原硬盘卸载前后图

4．加装 SSD 硬盘

　　将 SSD 固体硬盘安装到原硬盘架中，连接数据排线，拧紧侧面四颗和正面三颗螺丝。然后把原机械硬盘放到准备好的光驱硬盘托架中，用螺丝固定好，如图 2.46 所示。在光驱托盘上装好原光驱挡板后，将其放入原光驱位置，用螺丝固定好，如图 2.47 所示。因为使用了原光驱挡板，所以加装后的外观和原来的一模一样，至此，SSD 固体硬盘加装完成。

图 2.46　机械硬盘放入光驱托盘　　　　图 2.47　SSD 固体硬盘加装完成图

五、加内存条

　　笔记本电脑加内存条的操作比较简单。各种品牌笔记本电脑的后面板类型不同，华硕的需要打开整个背部面板，才能安装内存条。

加装内存条时，可以选用相同品牌、相同容量、相同频率的内存条。可以在网上购买，也可以去实体店购买。安装内存条时，先安装下面的内存条，再安装上面的内存条；对准缺口，倾斜 45° 插入，一边插入一边固定，感觉到一边有响声时，另外一边施力，再次听到响声，表示内存条安装成功。内存条安装过程如图 2.48～图 2.50 所示。

图 2.48　内存条准备　　　　　　图 2.49　安装第一条　　　　　　图 2.50　安装第二条

六、维护保养

1．液晶显示屏

(1) 长时间不使用笔记本电脑时，可通过键盘上的功能暂时将 LCD 屏幕的电源关闭。由于液晶显示器与传统的 CRT 显示器的原理不同，所以笔记本电脑并不需要利用屏幕保护程序来防止屏幕老化，相反，这样会消耗更多的电力。开合屏幕后盖时请适度用力，合上笔记本电脑时不要在键盘和屏幕之间放置任何异物，以避免损坏液晶屏幕。请勿用指甲或尖锐的物品(如铅笔)触碰屏幕表面，以免刮伤屏幕。液晶屏幕表面会因静电而吸附灰尘，请勿用手指擦除，以免留下指纹。

(2) 清理屏幕时可参考以下步骤：

① 关闭电源，将笔记本电脑放置于光线良好的地方。

② 用屏幕专用擦拭布(也可使用眼镜布或其他无绒柔软布)沾少许清水拧干后擦拭，擦拭时不能过度用力挤压屏幕，并应按一定方向顺序擦拭。

③ 用柔软湿布清洁屏幕后，可再用一块干的无绒软布再清洁一次。最后在通风处自然风干屏幕上残留的水汽即可。

注意：请勿使用化学清洁剂(包括酒精)擦拭屏幕；请勿用硬布、硬纸张擦拭屏幕；请勿将液体直接喷射到屏幕表面，以免液体从屏幕边框渗入，造成进液损坏。

2．电池

(1) 当没有外接电源时，倘若当时的工作状况暂时用不到外接插卡，建议先将插卡移去以延长电池使用时间。

(2) 20～30℃为电池最适宜的工作温度，10～30℃干燥环境为电池最佳的保存环境。温度过低，电池活性将会降低；温度过高，电池放电的速度将会加快，其使用寿命将会减少。应避免将电池放在浴室等潮湿环境或冰箱内的低温环境中，这样容易导致电池损坏。

(3) 在可提供稳定电源的环境下使用笔记本电脑时，将电池移去可延长电池寿命的想法是不正确的。当电池电力充满后，电池中的充电电路会自动关闭，并不会发生过充的现象，所以将电池保留在笔记本电脑中不会对电池寿命造成不良影响。

3. 硬盘

在平稳状态下使用笔记本电脑，尽量避免在容易晃动的地方进行操作，以免造成机械硬盘的磁盘坏道。开机过程是机械硬盘最脆弱的时候，此时硬盘轴承转速尚未稳定，若产生震动则易造成坏道。所以建议开机后，等待约 10 s 左右再移动笔记本电脑。

4. 散热

一般而言，笔记本电脑制造厂商通过使用风扇、散热导管、大型散热片、散热孔等方式散发笔记本电脑运行时所产生的热量。因此，请勿将笔记本电脑放置在不平整的表面或柔软的物品上，如床上、沙发上、棉被上，这样有可能会堵住散热孔而影响散热效果，进而降低运行性能或出现死机状况，甚至导致其他不可预期的情况发生。

5. 键盘、触摸板

键盘、触摸板的维护保养参见液晶屏的操作处理方法。

七、组装后整机检测

内存条和 SSD 固体硬盘安装完成后，进入 BIOS 将 SSD 硬盘设置为第一系统启动盘，通过启动 U 盘，格式化 SSD 固体硬盘后，将原来系统镜像刻录到 SSD 硬盘，重新开机。等待 6 s 后系统即可启动完成，如图 2.51 所示。用户可安装固体硬盘测速工具 AS SSD Benchmark 对所装的固体硬盘进行测试，测试结果如图 2.52 所示。

图 2.51　重启时间

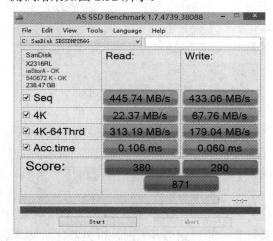

图 2.52　SSD 硬盘测速

思考题

(1) 台式机 CPU 安装需要注意哪些事项？

(2) 加内存条有哪些要求？

(3) 如何加 SSD 固体硬盘？谈谈你的想法。

(4) 笔记本电脑维护保养需要注意的事项有哪些？

项目三　合理设置 BIOS

大约 38 年前(1981)，当时被信息界称为蓝色巨人的 IBM 公司在研究自己的第一台个人计算机(IBM PC)时，工程师将开机程序的前导程序代码以及一些最基本的外围 I/O 处理的子程序码，写入了一块大约 32 KB 大小的 PROM(Programmable ROM，可编程只读存储器)中，这个程序代码就是 BIOS(Basic Input Output System)。这些工程师还把一些开机时的硬件启动/检测码(Initial Code)，从软盘或硬盘加载到了操作系统中，以提高兼容性。BIOS 是硬件与软件程序之间沟通的媒介或"接口"，负责解决硬件的即时需求，并按软件对硬件的操作要求执行命令。

在开机之后，BIOS 的 POST(开机自检程序)立即工作，它将对 CPU 内外部，以及内存、各接口、驱动器等进行检测，最后执行 BIOS 中的 19 号中断，引导硬盘主引导记录扇区启动，导入操作系统，使用户可以进行计算机操作。因此，对 BIOS 进行合理的设置，可以使系统功能得以充分发挥，使系统硬件可能发生的故障减到最少。下面对 BIOS 作一个简单的介绍。

1. BIOS 的功能

BIOS 的功能主要包括自检和初始化、程序服务及设定中断。

1) 自检和初始化

开机自检程序(Power On Self Test，POST)是 BIOS 在开机后最先启动的程序，启动后 BIOS 将对计算机的全部硬件设备进行检测。开机自检程序一般包括对 CPU、系统主板、640 KB 基本内存、1 MB 以上的扩展内存进行测试，并进行系统 ROM BIOS 测试、CMOS 存储器中系统配置的校验、初始化视频控制器、测试视频内存、检验视频信号和同步信号，同时对 CRT 接口进行测试，对键盘、软驱、硬盘及 CD-ROM 子系统进行检查，对并行口(打印机)和串行口(RS232)进行检查。在开机自检过程中，如果发现问题，BIOS 会做出判断和处理。通常情况下，BIOS 会对检测出来的错误分两种情况进行处理：① 在发现严重故障时自动停机，并给出大写字符的错误信息提示；② 在发现轻微故障时，以屏幕提示或声音报警等方式通知用户，并等待用户处理。

BIOS 在完成 POST 自检后会启动磁盘引导扇区自举程序，ROM BIOS 按照系统 CMOS 设置中的启动顺序信息，首先搜索软硬盘驱动器、CD-ROM、网络服务器等有效的启动驱动器，将操作系统盘的引导扇区记录读入内存，然后将系统控制权交给引导记录，并由引导程序装入操作系统的核心程序，以完成系统平台的启动过程。这一过程之后，操作系统平台已经处于工作状态，用户就可以在计算机上工作了。

2) 程序服务

程序服务的主要功能是为应用程序和操作系统等软件服务。BIOS 直接与计算机的 I/O(Input/Output，即输入/输出)设备进行信息交换，通过特定的数据端口发出命令，传送或接收各种外部设备的数据。软件程序通过 BIOS 完成对硬件的操作，如将磁盘上的数据读取出来并将其传输到打印机或传真机，或通过扫描仪将素材直接输入到计算机中。

3) 设定中断

设定中断也称硬件中断处理程序。BIOS 实质上是计算机系统中软件与硬件之间的一个可编程接口，用于完成程序软件与计算机硬件之间的沟通，实现程序软件功能与计算机硬件之间的衔接。软件响应 BIOS 的中断服务程序，处理取得有关硬件的数据，进而通过 BIOS 使硬件执行软件的命令。因此可以说，中断是中央处理器与外部设备之间交换信息的一种方式。

在开机时，BIOS 就已将各硬件设备的中断信号提交到 CPU(中央处理器)，当用户发出使用某个设备的指令后，CPU 就会暂停当前的工作，并根据中断信号使用相应的软件完成中断处理，然后返回原来的操作。DOS/Windows 操作系统对软盘、 硬盘、光驱与键盘、显示器等外围设备的管理就是建立在系统 BIOS 中断功能的基础上的。

2．BIOS 的种类

BIOS 大多指主板 BIOS，事实上，除了主板上有 BIOS 以外，其他设备如网卡、显卡、MODEM、数码相机和硬盘等也有 BIOS。显卡上的 BIOS 可用来完成显卡和主板之间的信息交换；硬盘的启动和使用也需要 HDD BIOS 来完成。这些外部设备上的 BIOS 也和主板的 BIOS 一样，采用 Flash Memory 作为 BIOS 芯片，同样也可以方便地升级，以修改其缺陷并增强兼容性。按照功能划分，BIOS 大致分为以下三类：

1) 主板 BIOS

位于主板上的 BIOS 的主要功能是管理计算机的硬件与软件系统之间的信息传递，起到一个"接口"或桥梁的作用。

2) 显卡 BIOS

显卡 BIOS 主要负责显卡和计算机系统之间的信息传递。

3) SCSI 控制卡 BIOS

SCSI 控制卡 BIOS 负责管理外部设备与计算机系统之间的信息传递。

3．BIOS 设定信息的存储位置

很多用户都认为 BIOS 设定信息是存储在 BIOS 芯片中的，但实际上并非如此，BIOS 设定信息是存储在主板的南桥芯片中的，如果主板是南北桥整合芯片组主板，BIOS 设定信息则存放在整合芯片组中。当然，从严格意义上讲，简单描述为"存放在南桥芯片组中"是不太正确的，应该说是"存放在包含于南桥芯片之中的一部分 RAM 里"。

既然说到了此处，就有两个问题不可回避：其一，南桥芯片包含 RAM 中信息存储的方式。因为南桥芯片所包含的 RAM 其实很小，存储的是纯粹的"值"，而这些值所代表的意义却是由 BIOS 芯片中的 BIOS 程序来解释的。比如"Quick Power On Self Test(快速加电自检)"可以用 0 代表 Enabled，用 1 代表 Disabled。其二，设定信息之所以不存放在 BIOS 芯片中，是因为 BIOS 芯片早期是由高电压写入、低电压读取的，这一特点导致了开发者并未在 BIOS 芯片中存放设定值，而是改用南桥芯片中的一段空间来存储设定值。所以，BIOS 芯片存储 BIOS 设定信息的说法是错误的。真正的 BIOS 设定信息是存储在南桥芯片的一段 RAM 中的。

4．主板上纽扣电池的作用

很多用户发现主板上有一颗纽扣电池，认为它是用于向 BIOS 芯片供电的。但其实，只要了解了 BIOS 设定值并没有存放在 BIOS 芯片中，那么"BIOS 电池为 BIOS 供电"一说自然是谬误的，甚至"BIOS 电池"这个说法都有待商榷了。再者，Flash ROM、EPROM 这些都是只读存储器(ROM)，在没有外界干预的情况下，它们存储的信息理论上是不会丢失的，所以根本就不需要电池维持工作，而只有随机存储器(RAM)才需要电池供电以保存信息。由此可以判断出"BIOS 放电"、"清除 BIOS"这些说法都是不正确的。所以，主板电池供电的目标应是 RAM 而非 ROM，主板电池是给南桥芯片供电的，而"清除 BIOS"的说法也应改为"清除 BIOS 设置"。

5．BIOS 与 CMOS 的区别

BIOS 与 CMOS 并不是相同的概念，它们之间有着本质的区别。BIOS 是用来设置硬件的一组计算机程序(中断指令系统)，该程序保存在主板上的一块只读 EPROM 或 EEPROM 芯片中，有时也将放置 BIOS 程序的芯片简称为 BIOS。BIOS 包括系统的重要例程以及设置系统参数的设置程序(BIOS Setup 程序)。

CMOS 则是计算机主板上的一块可读写的 RAM 芯片，用来保存当前系统的硬件配置、设置信息以及用户对 BIOS 设置参数的设定，其内容可通过程序进行读写。CMOS 芯片由系统电源和主板上的可充电电池供电，而且该芯片的功耗非常低，即使系统断电，也可由主板上的备用电池供电，能维持其所保存的数据在几年内不会丢失。

所以，BIOS 与 CMOS 既相关又有所不同。BIOS 是计算机系统中断控制指令系统的只读存储器；CMOS 是计算机硬件系统的配置及设置可改写的存储器。BIOS 中的系统设置程序是用来完成系统参数设置与修改的工具；CMOS RAM 是设定系统参数的存放场所，是设置的结果。BIOS 和 CMOS 都和系统设置有密切的关系，因而也就有了"BIOS 设置"和"CMOS 设置"的说法。准确来讲，应该是"通过 BIOS 设置程序对系统参数进行设置与修改，这些数据保存在 CMOS 中"。

6．BIOS 芯片厂商和 BIOS 厂商

BIOS 虽然只是一个程序，但是 BIOS 程序所存储的物质载体——BIOS 芯片(Flash ROM)不容忽视，它同样需要制造厂商。BIOS 是一个程序，BIOS 芯片是一个 ROM，两者并非同一概念。所以，BIOS 芯片的生产厂商和 BIOS 程序的编制厂商分别是硬件生产者和软件开发者，切不可混为一谈。

7．BIOS 软件三剑客

1) AMI

American Megatrends Inc(AMI，美国安迈)，以研发根基深厚、开机速度快捷闻名。

2) Phoenix

Phoenix Technologies(美国凤凰科技)，在旧的台式机(尤其主板)中较为常见。

3) Award

Award(惟尔科技，后来被 Phoenix 于 1998 年 9 月并购)，笔记本电脑中最常见的是
Phoenix BIOS。

这三家 BIOS 系统软件公司在全球 BIOS 的占有率极高，是 BIOS 的大型制造厂商。

任务 1　AMI BIOS 设置实战

AMI BIOS 软件系统的优点在于其使用方便，性能稳定，BIOS 设置非常简便，容错能
力也很强。AMI 公司还推出了窗口界面的 BIOS 设置程序——Win BIOS。Win BIOS 一改过
去的字符界面，采用了图形窗口化的设置界面，图文并茂，Win BIOS 也因此而得名。AMI
BIOS 设置程序的操作键定义如表 3.1 所示，其他 BIOS 的操作键定义也可参照此表。

表 3.1　AMI BIOS 设置程序的操作键定义表

操　　作	功　　能
→←↑↓	选择设置菜单中的设置项
Enter	执行选中的设置项
+/Page Up	增加设定值或修改设置项的值
–/Page Down	减少设定值或修改设置项的值
Esc	如果在主菜单中按 Esc 键，则会弹出提示框，用于退出设置程序； 如果当前窗口不在主菜单中，则退出当前设置菜单，返回主菜单
Home	返回功能组中设置项的最末行参数
End	选择功能组中设置项的最末行参数
F1	提供简单的帮助信息
F2	恢复前一次的设置值
F6	加载系统默认的安全设置值
F7	加载系统默认的优化设置值
F10	保存修改后的设置

总的来说，可以用方向键在主菜单中选择设置项，按 Enter 键进行确认，进入次级菜
单并再次使用方向键选择设置项，然后用 +/Page Up 或 –/Page Down 键修改设置值。

一、AMI BIOS 主菜单

在启动系统时，按 Del 键进入 AMI BIOS 设置程序的主菜单，如图 3.1 所示。

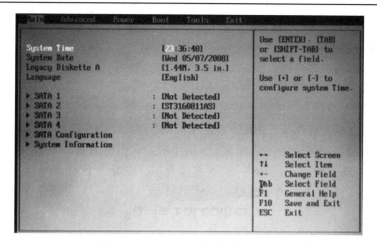

图 3.1　AMI BIOS 设置程序主菜单

区分一款主板到底采用的是 Award BIOS 还是 AMI BIOS 有很多种方法,最准确的就是看 BIOS 界面里的相关字段。这里笔者提供一种更简单的方法来进行区分:BIOS 程序界面为蓝底白字的,一般都是 Award BIOS 程序;而 BIOS 程序界面为灰底蓝字的,一般都是 AMI BIOS 程序。

AMI BIOS 程序一般有六个子菜单,分别是 Main、Advanced、Power、Boot、Tools 以及 Exit。但这并不固定,个别厂商推出的主板或许会有一些较为特殊的功能,厂商则可能会自己添加一些项目或菜单。目前,90%以上的 AMI BIOS 都拥有以上六大菜单。

1. Main

一般来说,Main 菜单用于调节一些基本的项目,比如系统时间、界面语言、驱动器的识别等。

2. Advanced

从字面意思上来看,"Advanced"有"高级"之意,Advanced 菜单即用于选择 BIOS 设置中一些高级调节选项。一般来说,CPU 超频调节、内存调节、电压调节等选项都包含在 Advanced 菜单中。

3. Power

"Power"意为"电源",即关于电源的设置都包含在这个菜单中。例如,电源模式、高级电源管理、键盘/鼠标开机、网络开机等设置选项。

4. Boot

"Boot"的中文意思可以理解成"引导",Boot 菜单即为引导计算机启动的一些设置。最常用的就是设置光驱/硬盘作为首引导设备,以及计算机引导过程中的一些基本设置。

5. Tools

Tools 菜单里一般都是主板厂商自己提供的一些工具软件,比如华硕主板的 EZ Flash(主板 BIOS 刷写程序)。由于此菜单里的项目均为主板厂商自行加入的一些工具,不具备代表性,所以对这部分内容就不作重点讲述了。

6. Exit

"Exit"中文意思为"退出"，Exit 菜单主要设置一些退出 BIOS 的选项，例如保存设置并退出、或者取消设置再退出等。

在 BIOS 设置中，经常用到 "Disabled"、"Enabled" 和 "Auto" 这三个单词。其中 "Disabled" 的中文意思为 "关闭、禁用"；"Enabled" 意为 "启用、开启"；而 "Auto" 则表示 "自动" 的意思，也就是让 BIOS 自己来控制。

通过以上介绍，相信读者在选择 BIOS 菜单时，可以有目标地进行操作。例如，设置超频 CPU，可选择 Advanced 菜单；设置键盘开机，肯定是选择 Power 菜单。当然，上面介绍的主要是一个整体的调节思路，下面具体地介绍 BIOS 里五个菜单中重要的设置项目。

二、AMI BIOS 子菜单

1. Main

进入 AMI BIOS 后，主菜单默认的是子菜单 Main 界面，如图 3.1 所示。在 Main 菜单中，并没有什么特别重要的资料，第一项是调节系统时间，第二项是调节系统日期，实际上这两个步骤都可以在 Windows 中进行操作。

菜单里的第三行 Legacy Diskette A 是配置软盘驱动器的一个选项。用户可以在这里选择软驱的类型，比如 1.44M 3.5 in。目前已经有 80% 以上的用户装机时不需要软驱了，软驱的使用率也越来越低，U 盘几乎取代了一切。对于没有软驱的计算机，在这里一定要设置成 Disabled，即关闭软驱检测。Main 菜单中，有四个 SATA 配置，是直接关联主板上的 SATA 接口的。一般来说，SATA 接口可以自动识别安装到此端口的设备，所以几乎不需要设置，当然不排除特殊情况。软驱设置如图 3.2 所示。

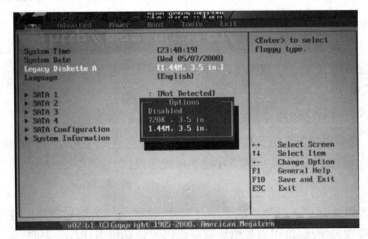

图 3.2　AMI BIOS 软驱设置

SATA Configuration 从字面上的意思来理解，表示 SATA 配置，此项目的界面如图 3.3 所示。在这里，可以对主板上的 SATA 工作模式进行调节，甚至关闭 SATA 接口的功能。

SATA 工作模式一般分 Compatible 和 Enhanced 两种，从中文意思上来理解，也就是 "兼容模式" 和 "增强模式"。

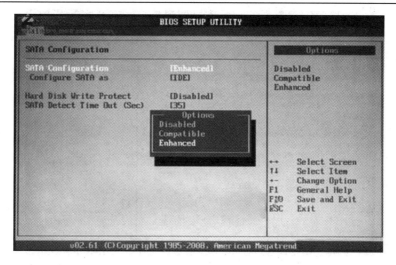

图 3.3 AMI BIOS SATA 接口设置

很多用户都会遇到在安装 Windows 2000、Linux 系统时找不到硬盘的情况，这实际上是 SATA 工作模式没有调节好所造成的。一般来说，一些比较老的操作系统对 SATA 硬盘支持度非常低，在安装系统之前，一定要将 SATA 工作模式设置成 Compatible。Compatible 模式下，SATA 接口可以直接映射到 IDE 通道，即 SATA 硬盘可被识别成 IDE 硬盘，如果此时计算机中还有 SATA 硬盘的话，就需要进行相关的主从盘跳线设定了。Enhanced 模式是增强模式，每一个设备拥有自己的 SATA 通道，不占用 IDE 通道，适用于 Windows XP 以上的操作系统。

硬盘的写保护设置如图 3.4 所示，主要是防止 BIOS 对硬盘的写入，实际上是防范多年前有名的 CIH 病毒。不过现在已经很少遇到 BIOS 病毒了，所以硬盘写保护并无作用，建议设置为 Disabled。

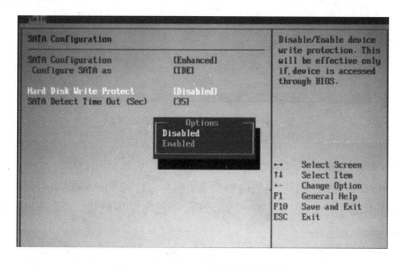

图 3.4 AMI BIOS 硬盘写保护设置

返回 Main 主菜单中，最后一个项目是 System Information，这个项目可用于查看当前计算机的一些基本配置，比如 CPU 型号、频率、线程数、内存容量等信息，如图 3.5 所示。

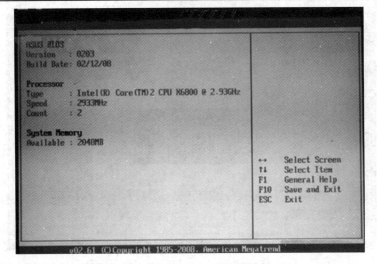

图 3.5　AMI BIOS 系统信息

2．Advanced

Advanced(高级)菜单中项目众多，如图 3.6 所示。现就 Advanced 菜单中的重点项目进行讲述。

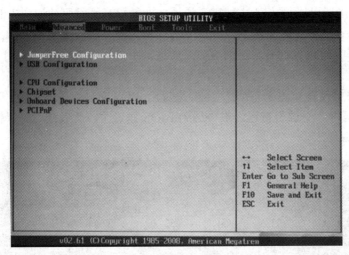

图 3.6　AMI BIOS 子菜单 Advanced

打开 Advanced 菜单，可以看到如图 3.6 所示的六大板块。

1) USB Configuration

USB Conguration(USB 配置)里的内容不多，其中，USB Functions 可用于配置是否开启 USB 功能，对于普通用户来说，此功能必须开启。不过对于网吧机，这里应该选择 Disabled，如图 3.7 所示。

第二项是 USB 2.0 控制器调节，如果选择 Enabled，USB 接口会在 USB 2.0 的传输模式下工作；如果选择 Disabled，USB 接口就会被降级为 USB 1.1，速度会慢很多。

第三项是 USB 2.0 控制器工作模式，有高速模式和全速模式两种选择，不过此项意义不大，如图 3.8 所示。

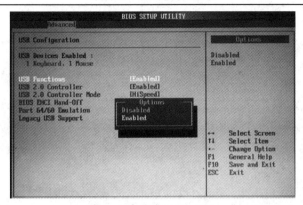

图 3.7 USB 配置主菜单

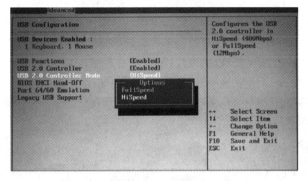

图 3.8 USB 2.0 配置

第四项和第五项对于普通用户来说作用不大，保持默认值即可。

第六项 Legacy USB Support，直译成中文可以理解为"传统 USB 设备支持"，这里一定不要设置成 Disabled，否则连接的 USB 键盘会出现无法在 BIOS 和 DOS 中识别的情况。建议选择 Auto，在计算机连接有传统 USB 设备时，则开启；反之则自动关闭。USB 设备支持设置如图 3.9 所示。

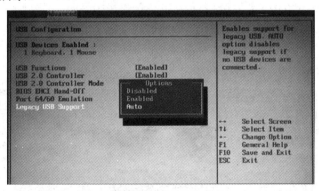

图 3.9 USB 设备支持设置

2) Onboard Devices Configuration

Onboard Devices Configuration(板载设备配置)用于设置一些集成在主板上的设备，包括声卡、网卡、1394 控制器等。如果用户突然发现声卡或者网卡消失了，那么就应该先查看 BIOS 里该项是否被屏蔽。图 3.10 所示为高保真音频的设置。如果没有独立声卡的话，建议选择 Enabled。

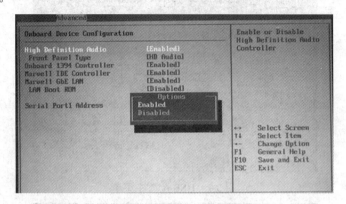

图 3.10　高保真音频设置

Front Panel Type 是前置音频的类型，可以设置成 AC97 或者是 HD Audio。如果没有 5.1 声道以上的音响设备，建议设置成 AC97，保持前后音频的相对独立；如果选择 HD Audio，则前置音频只能作为 5.1 声道系统中的两个小音箱，如图 3.11 所示。

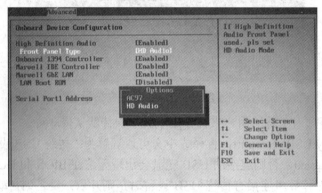

图 3.11　音频类型设置

第四项是 Marvell IDE Controller(Marvell IDE 类型)选项的设置。对于测试所用的华硕 P5K/EPU 主板，由于采用 P35 芯片组，南桥芯片没有直接提供 IDE 的支持。但是，华硕 P5K/EPU 采用了 Marvell 公司提供的 IDE 控制芯片，通过该芯片可提供 IDE 接口的支持。如果没有 IDE 硬盘或光驱，可以将此项设置为 Disabled，如图 3.12 所示。

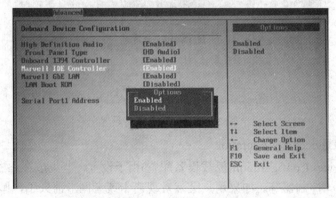

图 3.12　Marvell IDE 类型设置

第五项是 Marvell 千兆网卡控制器设置，除非有性能更加强劲的独立网卡，一般情况下此选项建议设置成 Enabled。

3. Boot

Boot(启动)菜单是平时使用最多的一个菜单，如图 3.13 所示，该菜单主要是对各种引导项进行配置。下面对 Boot 菜单里的重要功能作详细的介绍。

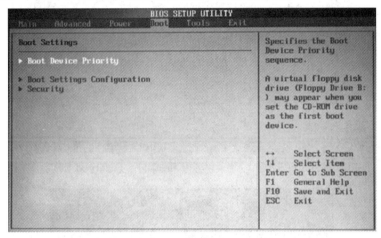

图 3.13　AMI BIOS Boot 菜单

Boot 菜单包含三个子菜单，这三个子菜单里的内容都非常实用。

1) Boot Device Priority

Boot Device Priority(优先引导设备)选项可用于设置系统优先的引导设备。1st Boot Device 是首引导设备，2nd Boot Device 是第二个引导设备，以此类推。如果要使用光盘安装系统，则需要将 1st Boot Device 设置成光驱，在选项里找到所使用的光驱型号即可；如果用户想要从硬盘启动系统，那么就需要将硬盘设置成 1st Boot Device，如图 3.14 所示的 HDD：PM-ST3160811AS，即为希捷 160 GB 硬盘。

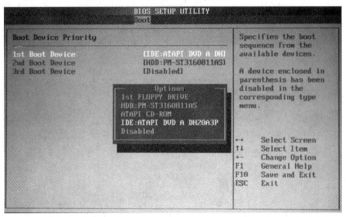

图 3.14　启动引导设备设置

2) Boot Settings Configuration

在 Boot Settings Configuration(引导设置配置)菜单中使用最多的是 Wait For 'F1' If

Error 和 Full Screen Logo 选项，如图 3.15 所示。

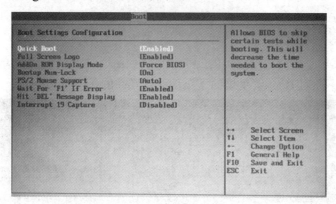

图 3.15　引导设置配置

Full Screen Logo 的作用就是关闭/开启开机 BIOS 全屏画面，如图 3.16 所示，有 Enabled 和 Disabled 两个选项，Enabled 表示开启全屏开机画面，Disabled 则表示关闭开机 Logo。

图 3.16　开机 BIOS 全屏画面设置

对于 Hit 'DEL' MESSAGE Display 选项，相信很多用户都遇到过必须按 Del 键才可以启动计算机的情况，实际上就是该选项设置的问题。如果遇到每次开机都需要按 Del 键才能进入的情况，但又不确定到底什么地方出了问题的时候，就可以将此项设置成 Disabled，即可解决问题，如图 3.17 所示。

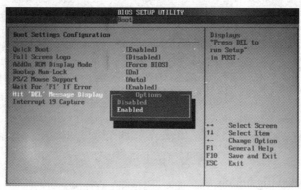

图 3.17　需要按 F1 启动调整

3）Security

Security(开机密码设置)主要用于设置开机密码，简单易学，这里不过多讲述。

4．Tools

由于 Tools(工具)菜单里都是厂商自己添加的一些工具软件，这里就不作介绍了。

5．Exit

Exit(退出)菜单里有四个项目，如图 3.18 所示，由上至下分别为：

Exit & Save Changes，即保存设置并退出。

Exit & Discard Changes，即不保存设置，并退出。

Discard Changes，即仅仅撤销修改，不退出。

Load Setup Defaults，即载入默认设置。

同时，向读者介绍一个保存并退出最简单的方法：在 BIOS 设置界面里按 F10 键，再按下"Y"按键，即可完成。

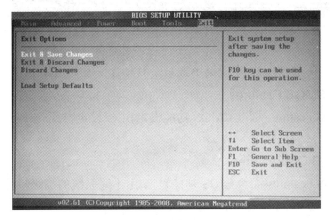

图 3.18　AMI BIOS Exit 菜单

以上即为 AMI BIOS 的重点设置，当然，要真正掌握 BIOS 的设置，还需要勤加练习。

任务 2　Award BIOS 设置实战

Award BIOS 在当前的 BIOS 市场中的占有率较大，因而也是当前兼容机中应用最为广泛的一种 BIOS 软件。Award BIOS 功能强大，设置项比较具有代表性，学会设置 Award BIOS，其他 BIOS 设置中的问题也就迎刃而解了。这里以 Award BIOS 的 Award 6.0 标准型为例进行介绍，其他版本的设置大同小异，直接参考 Award 6.0 标准型的设置即可。

一、Award BIOS 主菜单

开启计算机或重新启动计算机后，在屏幕显示"Waiting……"时，按下 Del 键即可进入 CMOS 的设置界面，如图 3.19 所示。需注意，如果 Del 键按得太晚，计算机将会启动系统，这时只能重新启动计算机，在开机后立刻按住 Del 键直到进入 CMOS 界面。进入后，用户可以用方向键移动光标选择 CMOS 设置界面上的选项，然后按 Enter 键进入下一级菜单，用 Esc 键返回上一级菜单，用 Page Up 和 Page Down 键来选择具体选项，用 F10 键保留并退出 BIOS 设置。

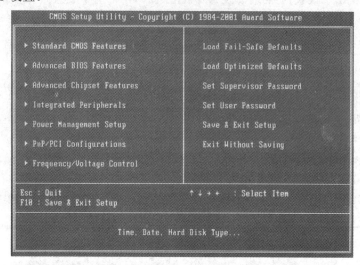

图 3.19　Award BIOS 主界面

Award BIOS 主菜单包含 13 个子菜单选项，具体含义及作用如下：

1．Standard CMOS Features

Standard CMOS Features(标准 CMOS 功能设定)用于设定日期、时间、软硬盘规格及显示器种类。

2．Advanced BIOS Features

Advanced BIOS Features(高级 BIOS 功能设定)用于对系统的高级特性进行设定。

3．Advanced Chipset Features

Advanced Chipset Features(高级芯片组功能设定)用于设定主板所用芯片组的相关参数。

4．Integrated Peripherals

Integrated Peripherals(外部设备设定)用于对设定菜单(包括所有外围设备)进行设定，如声卡、Modem、USB 键盘的启闭设定。

5．Power Management Setup

Power Management Setup(电源管理设定)用于设定 CPU、硬盘、显示器等设备的节电功能运行方式。

6．PnP/PCI Configurations

PnP/PCI Configurations(即插即用/PCI 参数设定)用于设定 ISA 的 PnP 即插即用界面及 PCI 界面的参数，此项仅在用户系统支持 PnP/PCI 时才有效。

7．Frequency/Voltage Control

Frequency/Voltage Control(频率/电压控制)用于设定 CPU 的倍频以及是否自动侦测 CPU 频率等。

8. Load Fail-Safe Defaults

Load Fail-Safe Defaults(载入最安全的缺省值)用于载入工厂默认值作为稳定的系统使用。

9. Load Optimized Defaults

Load Optimized Defaults(载入高性能缺省值)用于载入最好的性能但有可能影响稳定的默认值。

10. Set Supervisor Password

Set Supervisor Password(设置超级用户密码)用于设置超级用户的密码。

11. Set User Password

Set User Password(设置用户密码)用于设置用户密码。

12. Save & Exit Setup

Save & Exit Setup(保存后退出)用于保存对 CMOS 的修改，然后退出 Setup 程序。

13. Exit Without Saving

Exit Without Saving(不保存退出)用于放弃对 CMOS 的修改，然后退出 Setup 程序。

二、Award BIOS 子菜单

1. Standard CMOS Features

进入 Award BIOS 子菜单 Standard CMOS Features(标准 CMOS 功能设定)，显示如图 3.20 所示的界面。

图 3.20　Standard CMOS Features 菜单

标准 CMOS 设定中包括 Date 和 Time 设定，可以根据需要设定计算机上的时间和日期。

界面中 IDE 选项是硬盘的设置，列表中包括：Primary Master，即第一组 IDE 主设备；

Primary Slave，即第一组 IDE 从设备；Secondary Master，即第二组 IDE 主设备；Secondary Slave，即第二组 IDE 从设备。这里的 IDE 设备包括了 IDE 硬盘和 IDE 光驱，第一组、第二组设备是指主板上的第一根、第二根 IDE 数据线。一般来说，靠近芯片的是第一组 IDE 设备；而主设备、从设备是指接在一条 IDE 数据线上的两个设备，每根数据线上可以连接两个不同的设备，主、从设备可以通过硬盘或者光驱的后部跳线来进行调整。

Drive A 和 Drive B 是软驱设置选项，因为现在软驱基本已被淘汰，所以这两个选项建议设置为 None。

Video 可用于设置显示器的工作模式，即 EGA/VGA 工作模式。

Halt On 是错误停止设定。All Errors BIOS 即为检测到任何错误时将停机；No Errors 即为当 BIOS 检测到任何非严重错误时，系统都不停机；All But Keyboard 即为除了键盘以外的错误，系统检测到任何错误都将停机；All But Diskette 即为除了磁盘驱动器的错误，系统检测到任何错误都将停机；All But Disk/Key 即为除了磁盘驱动器和键盘外的错误，系统检测到任何错误都将停机。该选项可用于设置系统自检遇到错误时的停机模式，如果发生以上错误，系统将会停止启动，并给出错误提示。

图 3.20 左下方还包括系统内存的参数，即 Base Memory(基本内存)、Extended Memory(扩展内存)、Total Memory(全部内存)。

2. Advanced BIOS Features

进入 Award BIOS 子菜单 Advanced BIOS Features(高级 BIOS 功能设定)，显示如图 3.21 所示的界面。

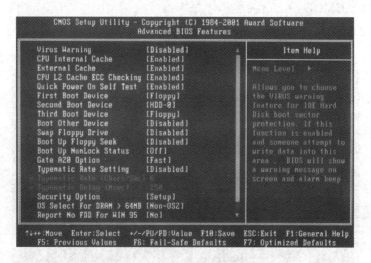

图 3.21　Advanced BIOS Features 菜单

1) Virus Warning

Virus Warning(病毒报警)用于设置病毒入侵的报警信号。在系统启动时或启动后，如果有程序企图修改系统引导扇区或硬盘分区表，BIOS 会在屏幕上显示警告信息，并发出蜂鸣报警声，使系统暂停。该选项的设定值包括 Disabled(禁用)和 Enabled(开启)。

2) CPU Internal Cache

CPU Internal Cache (CPU 内置高速缓存设定)用于设置是否打开 CPU 内置高速缓存，其默认值为打开。该选项的设定值包括 Disabled(禁用)和 Enabled(开启)。

3) External Cache

External Cache(外部高速缓存设定)用于设置是否打开外部高速缓存，其默认值为打开。该选项的设定值包括 Disabled(禁用)和 Enabled(开启)。

4) First Boot Device

First Boot Device(设置第一启动盘)用于设定 BIOS 第一个搜索载入操作系统的引导设备。其默认值为 Floppy(软盘驱动器)，安装系统正常使用后建议设为 HDD-0。该选项的设定值包括：

(1) Floppy，即系统首先尝试从软盘驱动器引导。

(2) LS120，即系统首先尝试从 LS120 引导。

(3) HDD-0，即系统首先尝试从第一硬盘引导。

(4) SCSI，即系统首先尝试从 SCSI 引导。

(5) CDROM，即系统首先尝试从 CD-ROM 驱动器引导。

(6) HDD-1，即系统首先尝试从第二硬盘引导。

(7) HDD-2，即系统首先尝试从第三硬盘引导。

(8) HDD-3，即系统首先尝试从第四硬盘引导。

(9) ZIP，即系统首先尝试从 ATAPI ZIP 引导。

(10) LAN，即系统首先尝试从网络引导。

(11) Disabled，即禁用此次序。

5) Second Boot Device

设定 BIOS 在第一启动盘引导失败后，可用 Second Boot Device(设置第二启动盘)设定第二个搜索载入操作系统的引导设备。其设置方法可参考 First Boot Device 的设置。

6) Third Boot Device

设定 BIOS 在第二启动盘引导失败后，可用 Third Boot Device(设置第三启动盘)设定第三个搜索载入操作系统的引导设备。其设置方法可参考 First Boot Device 的设置。

7) Boot Other Device

将 Boot Other Device(其他设备引导)设置为 Enabled，允许系统在第一/第二/第三设备引导失败后，尝试从其他设备进行引导。该选项的设定值包括 Disabled(禁用)和 Enabled(开启)。

8) Swap Floppy Drive

Swap Floppy Drive(交换软驱盘符)设置为 Enabled 时，可交换软驱 A:和软驱 B:的盘符。

9) Boot Up Floppy Seek

将 Boot Up Floppy Seek(开机时检测软驱)设置为 Enabled 时，在系统引导前，BIOS 会检测软驱 A。根据所安装的启动装置的不同，在"First/Second/Third Boot Device"选项中出现的可选设备也有所不同。例如，如果用户的系统没有安装软驱，则在启动顺序菜单中就不会出现软驱的设置。该选项的设定值包括 Disabled(禁用)和 Enabled(开启)。

10) Boot Up NumLock Status

Boot Up NumLock Status(初始数字小键盘的锁定状态)可用于设定系统启动后，键盘右边的小键盘是数字还是方向状态。该选项的设定值包括 On 和 Off。当设定为 On 时，系统启动后将打开 NumLock，小键盘数字键有效；当设定为 Off 时，系统启动后 NumLock 关闭，小键盘方向键有效。

11) Security Option

Security Option(安全选项)用于指定使用的 BIOS 密码的保护类型。设置值为 System 时，无论是开机还是进入 CMOS Setup 都要输入密码；设置值为 Setup 时，只有在进入 CMOS Setup 时才要求输入密码。

3．Advanced Chipset Features

进入 Award BIOS 子菜单 Advanced Chipset Features(高级芯片组功能设定)，显示如图 3.22 所示的界面。

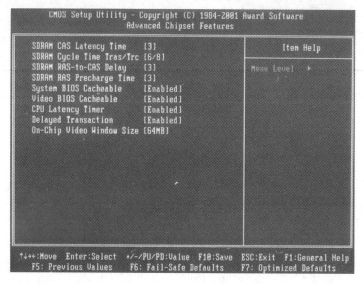

图 3.22　Advanced Chipset Features 菜单

4．Integrated Peripherals

进入 Award BIOS 子菜单 Integrated Peripherals(外部设备设定)，显示如图 3.23 所示的界面。

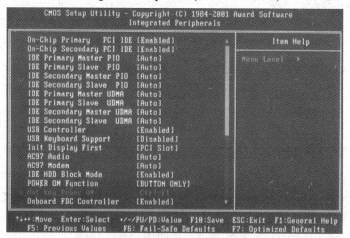

图 3.23　Integrated Peripherals 菜单

1) IDE 选项

(1) IDE PIO 项。

IDE PIO 包含四个选项，即 IDE Primary Master PIO(IDE 第一主 PIO 模式设置)、IDE Primary Slave PIO(IDE 第一从 PIO 模式设置)、 IDE Secondary Master PIO(IDE 第二主 PIO 模式设置)、IDE Secondary Slave PIO(IDE 第二从 PIO 模式设置)。

四个 IDE PIO(可编程输入/ 输出)项允许用户为板载 IDE 支持的每一个 IDE 设备设定 PIO 模式(0~4)。模式 0~4 提供了递增的性能表现。在 Auto 模式中，系统自动决定每个设备工作的最佳模式。该选项的设定值有：Auto，Mode 0，Mode 1，Mode 2，Mode 3，Mode 4。

(2) IDE UDMA 项。

IDE UDMA 包含四个选项，分别为 IDE Primary Master UDMA(IDE 第一主 UDMA 模式设置)、IDE Primary Slave UDMA(IDE 第一从 UDMA 模式设置)、IDE Secondary Master UDMA(IDE 第二主 UDMA 模式设置)、IDE Secondary Slave UDMA(IDE 第二从 UDMA 模式设置)。

Ultra DMA/33/66/100 只能在用户的 IDE 硬盘支持此功能时使用，而且操作环境包括一个 DMA 驱动程序(Windows 95 OSR2 或第三方 IDE 总线控制驱动程序)。如果用户的硬盘和系统软件都支持 Ultra DMA/33、Ultra DMA/66 或 Ultra DMA/100，则可以选择 Auto 使 BIOS 支持有效。该选项的设定值包括 Auto(自动)和 Disabled(禁用)。

2) USB 项

USB Controller(USB 控制器设置)可用于控制板载 USB 控制器。该选项的设定值包括 Enabled 和 Disabled。

如果用户需要在不支持 USB 或没有 USB 驱动的操作系统下使用 USB 键盘，如 DOS 和 SCO UNIX，则可将 USB Keyboard Support(USB 键盘控制支持)设定为 Enabled。

5. Power Management Setup

进入 Award BIOS 子菜单 Power Management Setup(电源管理设定)，显示如图 3.24 所示的界面。

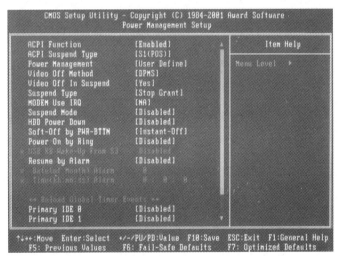

图 3.24　Power Management Setup 菜单

6．PnP/PCI Configurations

进入 Award BIOS 子菜单 PnP/PCI Configurations(即插即用/PCI 参数设定)，显示如图 3.25 所示的界面。

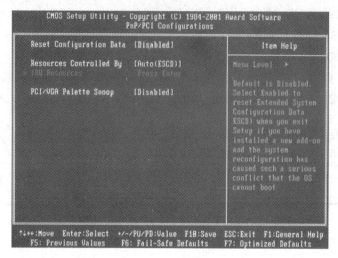

图 3.25　PnP/PCI Configurations 菜单

7．Frequency/Voltage Control

进入 Award BIOS 子菜单 Frequency/Voltage Control(频率/电压控制)，显示如图 3.26 所示的界面。

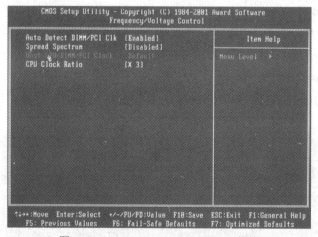

图 3.26　Frequency/Voltage Control 菜单

Award BIOS 的其他子菜单相对比较简单，此处不再介绍。

任务 3　3D BIOS 设置实战

自 2011 年 Sandy Bridge 发布之后，部分主板厂商开始采用 UEFI 代替传统的 BIOS 设置界面。板卡巨头技嘉在其 X79 主板上开始采用 UEFI 界面 BIOS，引入双 BIOS 设计，使界面简单明了、平易近人，完全图形化。3D 式的 UI 摒弃了原有 BIOS 界面繁杂的选项，用户可直接在一张主板的实物图上点选对应位置，即可调出对应的 BIOS 选项进行设置。3D BIOS 如图 3.27 所示。

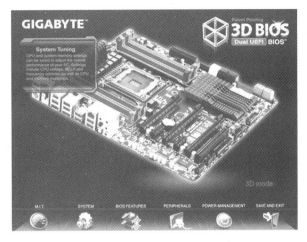

图 3.27　3D BIOS

其设置方法和 UEFI BIOS 非常相似，详细介绍参见 UEFI BIOS 设置实战。

任务 4　UEFI BIOS 设置实战

一、UEFI 简介

1. UEFI 的概念

作为传统 BIOS(Basic Input Output System)的继任者，UEFI 拥有传统 BIOS 所不具备的诸多功能，比如图形化界面、多样的操作方式、允许植入硬件驱动等。这些特性使 UEFI 相比于传统 BIOS 更容易使用，功能更多。且 Windows 8 在发布之初就对外宣布全面支持 UEFI，这也促使了众多主板厂商纷纷转向生产 UEFI，并将此作为主板的标准配置之一。

UEFI 优化了传统 BIOS 需要长时间自检的缺点，使硬件初始化以及引导系统变得简洁、快速。换言之，UEFI 把计算机的 BIOS 变成了一个小型固化在主板上的操作系统，且 UEFI 本身的开发语言已经从汇编语言转变成了 C 语言，高级语言的加入让厂商深度开发 UEFI 变为可能。

2. UEFI 的特点

(1) 通过保护预启动或预引导进程，抵御 bootkit 攻击，从而提高安全性。

(2) 缩短了启动时间以及从休眠状态恢复的时间。

(3) 支持容量超过 2.2 TB 的驱动器。

(4) 支持 64 位的现代固件设备驱动程序，系统在启动过程中可以使用这些程序对超过 172 亿吉字节(GB)的内存进行寻址。

(5) UEFI 硬件可与 BIOS 结合使用。

3．UEFI 和 BIOS 的区别

UEFI 是 BIOS 的一种升级替代方案。关于 BIOS 和 UEFI 二者的比较，如果仅从系统启动原理方面来说，UEFI 之所以比 BIOS 强大，是因为 UEFI 本身已经相当于一个微型操作系统，其带来的便利之处在于：

首先，UEFI 已具备文件系统的支持，它能够直接读取 FAT 分区中的文件。文件系统是操作系统组织管理文件的一种方法，简言之，就是把硬盘上的数据以文件的形式呈现给用户。FAT32、NTFS 都是常见的文件系统类型。

其次，用户可开发出直接在 UEFI 下运行的应用程序，这类程序文件通常以"efi"结尾。既然 UEFI 可以直接识别 FAT 分区中的文件，又有可直接在其中运行的应用程序，那么完全可以将 Windows 安装程序做成"efi"类型的应用程序，将其放入任意的 FAT 分区中直接运行即可。如此一来，安装 Windows 操作系统就变得非常简单了，就像在 Windows 下打开 QQ 一样方便、容易。

最后，BIOS 无法完成 UEFI 的特定功能。因为在 BIOS 下启动操作系统之前，必须从硬盘上的指定扇区读取系统启动代码(包含在主引导记录中)，然后从活动分区中引导启动操作系统。对扇区的操作远比不上对分区中文件的操作更直观、简单，所以在 BIOS 下引导安装 Windows 操作系统，用户不得不使用一些工具对设备进行配置以达到启动要求。而在 UEFI 下，不再需要主引导记录、活动分区或任何工具，只要将文件复制安装到一个 FAT32(主)分区/U 盘中，然后从这个分区/U 盘启动，安装 Windows 即可。

二、UEFI BIOS 设置

UEFI BIOS 有多种版本，但设置选项及方法近乎相同，下面以技嘉 GA-Z97-HD3 主板为例，详细介绍 UEFI BIOS 的设置。

1．开机画面

电源开启后，会看到如图 3.28 所示的开机 Logo 画面。

图 3.28　开机 Logo 画面

BIOS 设定程序画面分为以下三种模式，用户可使用 F2 键切换至不同的模式。

1) Startup Guide

Startup Guide(预设值)简化了传统 BIOS 繁多的设定项目，将一般用户较常使用的功能选项以更简易的操作界面呈现出来，让初次使用 BIOS 的用户能更轻松地完成系统基本的设定程序。

2) STMode

STMode(只有 GA-Z97-HD3 支持此功能)提供了既炫目又便利的 BIOS 操作环境，让用户可以轻松地浏览设定选单并调整设定，从而优化了系统性能。

3) Classic Setup

Classic Setup 为传统 BIOS 设定程序画面，用户可以使用键盘的上、下、左、右键来选择要设定的选项，按 Enter 键即可进入子菜单，也可以使用鼠标选择所需的选项。

2. M.I.T.

M.I.T. (频率/电压控制)设置界面如图 3.29 所示。

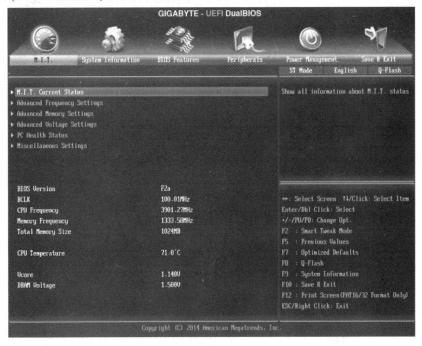

图 3.29　M.I.T. (频率/电压控制)设置

M.I.T.设置界面提供了 BIOS 版本、CPU 基频、CPU 时钟、内存时钟、内存总容量、CPU 温度、Vcore 和内存电压的相关信息。

系统是否会依据用户设定的超频或超电压值稳定运行，需视整体系统配备而定。不当的超频或超电压可能会造成 CPU、芯片组及内存的损毁或减少其使用寿命。不建议用户随意调整 M.I.T.设置界面的选项，因为可能造成系统不稳或其他不可预期的结果。若自行设定错误，可能会造成系统无法开机，在此情况下，用户可以清除 CMOS 设定值的数据，使 BIOS 设定恢复至预设值。

3. System Information

System Information(系统信息)设置界面如图 3.30 所示。

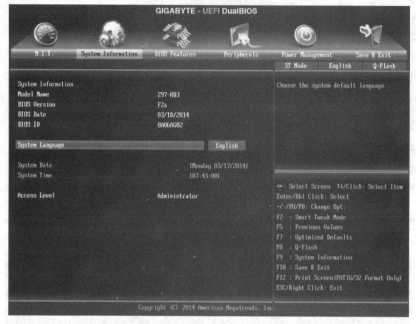

图 3.30　System Information(系统信息)设置

System Information 设置界面提供了主板型号及 BIOS 版本等信息，可以选择 BIOS 设定程序所要使用的语言或设定系统时间。

1) System Language

System Language(设定使用语言)可用于选择 BIOS 设定程序内所使用的语言。

2) System Date

System Date(日期设定)可用于设定计算机系统的日期，格式为"星期(仅供显示)/月/日/年"。若要切换至"月"、"日"、"年"选项，可使用 Enter 键，并使用键盘上的 Page Up 或 Page Down 键切换至所要的数值。

3) System Time

System Time(时间设定)用于设定计算机系统的时间，格式为"时：分：秒"。例如下午一点显示为"13：0：0"。若要切换至"时"、"分"、"秒"选项，可使用 Enter 键，并使用键盘上的 Page Up 或 PageDown 键切换至所要的数值。

4) Access Level

Access Level(使用权限)用于设置计算机的使用权限，依登入的密码显示目前用户的权限。若没有设定密码，将显示"Administrator"。管理员(Administrator)权限允许用户修改所有的 BIOS 设定；用户(User)权限仅允许修改部分 BIOS 设定。

4. BIOS Features

BIOS Features(BIOS 功能设定)设置界面如图 3.31 所示。

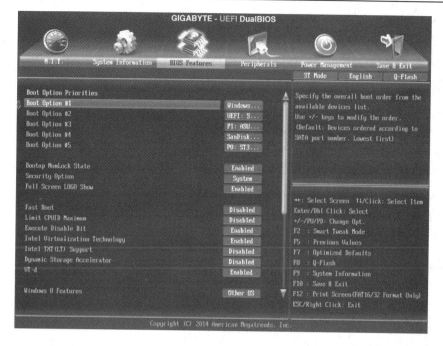

图 3.31　BIOS Features(BIOS 功能设定)设置

1) Boot Option Priorities

Boot Option Priorities(开机设备顺序设定)用于从已连接的设备中设定开机顺序,系统会依此顺序进行开机。当用户安装的是支持 GPT 格式的可卸除式存储设备时,该设备前方会注明"UEFI";若用户想由支持 GPT 磁盘分割的系统开机时,可选择注明"UEFI"的设备开机;若用户想安装支持 GPT 格式的操作系统, 例如 Windows 7 64 位,可选择 Windows 7 64-bit 的安装光盘并注明为"UEFI"光驱开机。

2) Bootup NumLock State

Bootup NumLock State(开机时 NumLock 键状况)可用于设定开机时键盘上 NumLock 键的状况。其预设值为 Enabled。

3) Security Option

Security Option(检查密码方式)可用于设置是否在每次开机时需输入密码, 或仅在进入 BIOS 设定程序时才需输入密码。设定完此选项后需至 Administrator Password/User Password 选项设定密码。其设定值包括:Setup,仅在进入 BIOS 设定程序时才需输入密码;System, 无论是开机或进入 BIOS 设定程序时均需输入密码。

4) Full Screen LOGO Show

Full Screen LOGO Show(显示开机画面功能)用于选择是否在一开机时显示技嘉 Logo。若设为 Disabled,开机时将不显示 Logo。其预设值为 Enabled。

5) Fast Boot

Fast Boot 用于选择是否启动快速开机功能以缩短进入操作系统的时间。若设为 Ultra Fast,则可以提供最快速的开机功能。其预设值为 Disabled。

6) VGA Support

VGA Support 用于选择支持何种操作系统开机。其设定值包括：Auto，仅启动 Legacy Option ROM；EFI Driver，启动 EFI Option ROM。

此选项只有在 Fast Boot 设为 Enabled 或 Ultra Fast 时，才能开放设定。

7) USB Support

USB Support 选项的设定值包括：

Disabled，表示关闭所有 USB 设备直至操作系统启动完成。

Full Initial，表示在操作系统下及开机自我测试(POST)过程中，所有 USB 设备皆可使用。

Partial Initial，表示关闭部分 USB 设备直至操作系统启动完成。其预设值为 Enabled。

只有在 Fast Boot 设为 Enabled 时，USB Support 选项才能开放设定。当 Fast Boot 设为 Ultra Fast 时，此选项功能会被强制关闭。

8) PS2 Devices Support

PS2 Devices Support 选项的设定值包括：

Disabled，表示关闭所有 PS/2 设备直至操作系统启动完成。

Enabled，表示在操作系统下及开机自我测试(POST)过程中，PS/2 设备可使用。预设值为 Enabled。

只有在 Fast Boot 设为 Enabled 时，PS2 Devices Support 选项才能开放设定。当 Fast Boot 设为 Ultra Fast 时，此选项功能会被强制关闭。

9) NetWork Stack Driver Support

NetWork Stack Driver Support 选项的设定值包括：

Disabled，表示关闭网络开机功能支持。其预设值为 Disabled。

Enabled，表示启动网络开机功能支持。

只有在 Fast Boot 设为 Enabled 或 Ultra Fast 时，NetWork Stack Driver Support 选项才能开放设定。

10) Next Boot After AC Power Loss

Next Boot After AC Power Loss 选项的设定值包括：

Normal Boot，表示断电后电源恢复时，重新开机会恢复正常开机。其预设值为 Normal Boot。

Fast Boot，表示断电后电源恢复时，维持快速开机功能设定。

只有在 Fast Boot 设为 Enabled 或 Ultra Fast 时，Next Boot After AC Power Loss 选项才能开放设定。

11) Limit CPUID Maximum

Limit CPUID Maximum(最大 CPUID 极限值)用于选择是否限制处理器标准 CPUID 函数支持的最大值。若要安装 Windows XP 操作系统，需将此选项设为 Disabled；若要安装较旧的操作系统，例如 Windows NT 4.0 时，则需将此选项设为 Enabled。该选项的预设值为 Disabled。

12) Execute Disable Bit

Execute Disable Bit(Intel 病毒防护功能)用于选择是否启动 Intel Execute Disable Bit 功能。启动此选项并搭配支持此技术的系统及软件可以增强计算机的防护功能，使其免于恶意的缓冲溢位(buffer overflow)黑客攻击。该选项的预设值为 Enabled。

13) Intel Virtualization Technology

Intel Virtualization Technology (Intel 虚拟化技术)用于选择是否启动 Intel Virtualization Technology (虚拟化技术)功能。Intel 虚拟化技术让用户可以在同一平台的独立数据分割区内，执行多个操作系统和应用程序。该选项的预设值为 Enabled。

14) Intel TXT(LT) Support

Intel TXT(LT) Support 用于选择是否启动 Intel 信任式执行技术(Intel TXT，Intel Trusted Execution Technology)功能。该选项的预设值为 Disabled。

15) Dynamic Storage Accelerator

Dynamic Storage Accelerator 用于选择是否启动 Intel 动态磁盘加速功能。启动此选项可依磁盘的负载调整磁盘的 I/O 性能。其预设值为 Disabled。

16) VT-d

VT-d (Intel 虚拟化技术)用于选择是否启动 Intel Virtualization for Directed I/O (虚拟化技术)功能。该选项的预设值为 Enabled。

17) Windows 8 Features

Windows 8 Features 用于选择所安装的操作系统。其预设值为 Other OS。

18) CSM Support

CSM Support 用于选择是否启动 UEFI CSM (Compatibility Support Module)支持传统计算机开机程序。其设定值包括：

Always，表示启动 UEFI CSM。其预设值为 Always。

Never，表示关闭 UEFI CSM，仅支持 UEFI BIOS 开机程序。

只有在 Windows 8 Features 设为 Windows 8 时，CSM Support 选项才能开放设定。

19) Boot Mode Selection

Boot Mode Selection 用于选择支持何种操作系统开机。其设定值包括：

UEFI and Legacy，表示可从支持 Legacy 及 UEFI Option ROM 的操作系统开机。其预设值为 Enabled。

Legacy Only，表示只能从支持 Legacy Option ROM 的操作系统开机。

UEFI Only，表示只能从支持 UEFI Option ROM 的操作系统开机。

只有在 CSM Support 设为 Always 时，Boot Mode Selection 选项才能开放设定。

20) LAN PXE Boot Option ROM

LAN PXE Boot Option ROM (内建网络开机功能)用于选择是否启动网络控制器的 Legacy Option ROM 功能。其预设值为 Disabled。此选项只有在 CSM Support 设为 Always 时，才能开放设定。

21）Storage Boot Option Control

Storage Boot Option Control 用于选择是否启动存储设备控制器的 UEFI 或 Legacy Option ROM 功能。其设定值包括：

Disabled，表示关闭 Option ROM。

Legacy Only，表示仅启动 Legacy Option ROM。

UEFI Only，表示仅启动 UEFI Option ROM。

Legacy First，表示优先启动 Legacy Option ROM。

UEFI First，表示优先启动 UEFI Option ROM。

只有在 CSM Support 设为 Always 时，Storage Boot Option Control 选项才能开放设定。

22）Other PCI Device ROM Priority

Other PCI Device ROM Priority 用于选择是否启动除了网络、存储设备及显示控制器以外的 PCI 设备控制器的 UEFI 或 Legacy Option ROM 功能。其设定值包括：

Legacy OpROM，表示仅启动 Legacy Option ROM。

UEFI OpROM，表示仅启动 UEFI Option ROM。

23）Network Stack

Network Stack 用于选择是否通过网络开机功能(例如 Windows Deployment Services 服务器)安装支持 GPT 格式的操作系统。其预设值为 Disabled。

24）IPv4 PXE Support

IPv4 PXE Support 用于选择是否开启 IPv4 (互联网通讯协定第 4 版)的网络开机功能支持。此选项只有在 Network Stack 设为 Enabled 时，才能开放设定。

25）IPv6 PXE Support

IPv6 PXE Support 用于选择是否开启 IPv6 (互联网通讯协定第 6 版)的网络开机功能支持。此选项只有在 Network Stack 设为 Enabled 时，才能开放设定。

26）Administrator Password

Administrator Password(设定管理员密码)用于设定管理员密码。在此选项按 Enter 键，输入要设定的密码，BIOS 会要求再输入一次以确认密码，输入后再按 Enter 键。设定完成后，开机时就必须输入管理员或用户密码才能进入开机程序。与用户密码不同的是，管理员密码允许用户进入 BIOS 设定程序修改所有的设定。

27）User Password

User Password (设定用户密码)用于设定用户密码。在此选项按 Enter 键，输入要设定的密码，BIOS 会要求再输入一次以确认密码，输入后再按 Enter 键。设定完成后，开机时就必须输入管理员或用户密码才能进入开机程序。用户密码仅允许用户进入 BIOS 设定程序修改部分选项的设定。

如果用户想取消密码，只需在原来的选项按 Enter 键后，先输入原来的密码按 Enter 键，接着 BIOS 会要求输入新密码，直接按 Enter 键，即可取消密码。

注意：以上内容考虑到 BIOS 版本比较多，融合了其他 BIOS 中常见选项解释，因此图文有个别地方不一致。

5. Peripherals

Peripherals (集成外设)设置界面如图 3.32 所示。

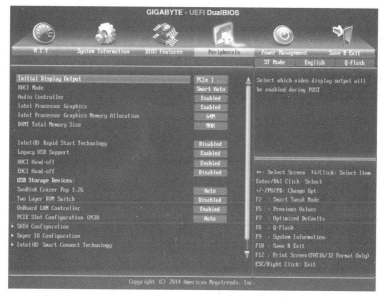

图 3.32　Peripherals(集成外设)设置

1) Initial Display Output

Initial Display Output 用于选择系统开机时优先从内建显示功能、 PCI Express 或 PCI 显卡输出。其设定值包括：

IGFX，表示系统会从内建显示功能输出。

PCIe 1 Slot，表示系统会从安装于 PCIEX16 插槽上的显卡输出。其预设值为 Enabled。

PCIe 2 Slot，表示系统会从安装于 PCIEX4 插槽上的显卡输出。

PCI，表示系统会从安装于 PCI 插槽上的显卡输出。

2) XHCI Mode

XHCI Mode 用于设定 XHCI 控制器在操作系统内的运行模式。其设定值包括 Smart Auto、Auto、Enabled 和 Disabled。

只有当 BIOS 可在开机前的环境下(Pre-boot Environment)支持 XHCI 控制器时，Smart Auto 模式才可以使用。此选项功能类似 Auto 模式，但在开机前环境下，BIOS 会依据前次开机环境(操作系统下)所作的设定，将 USB 3.0 连接端口连接至 XHCI 或 EHCI 模式。此模式可让 USB 3.0 设备在进入操作系统前以 USB 3.0 Super-Speed 运行。若在上次开机前环境下，USB 连接端口被设定为 EHCI 规格，开启及重新设定 XHCI 控制器的步骤就必须遵照 Auto 模式。注意：当 BIOS 具备 XHCI Pre-boot 支持时，建议设为 Smart Auto 模式。该选项的预设值为 Enabled。

Auto 模式下，BIOS 会将所有 USB 3.0 连接端口连接至 EHCI 控制器。之后，BIOS 会使用 ACPI 协议提供开启 XHCI 控制器的选项,并且重新设定 USB 连接端口。注意：当 BIOS 不具备 XHCI Pre-Boot 支持时，建议设为 Auto 模式。

Enabled 模式下，所有的连接端口在 BIOS 开机过程最终都会被连接至 XHCI 控制器。

如果 BIOS 在开机前不支持 XHCI 控制器(No XHCI Pre-Boot Support)，BIOS 会先将 USB 3.0 连接端口连接至 EHCI 控制器，待进入操作系统前再将 USB 3.0 连接端口连接至 XHCI 控制器。注意：若要设成 Enabled，安装的操作系统必须支持 XHCI 规格(Driver Support)。若操作系统不支持，所有 USB 3.0 连接端口将无法运行。

Disabled 表示关闭 XHCI 控制器，USB 3.0 连接端口连接至 EHCI 控制器，并且以 EHCI 规格运行。无论系统是否具备 XHCI 控制器的软件支持(Driver Support)，所有的 USB 3.0 设备皆以高速 USB(High-Speed USB)规格运行。

3) Audio Controller

Audio Controller(内建音频功能)用于选择是否开启主板内建的音频功能。其预设值为 Enabled。若用户要安装其他厂商的声卡时，需先将此选项设为 Disabled。

4) Intel Processor Graphics

Intel Processor Graphics (内建显示功能)用于选择是否开启主板内建的显示功能。其预设值为 Enabled。

5) Intel Processor Graphics Memory Allocation

Intel Processor Graphics Memory Allocation (选择显示内存大小)用于选择内建显示功能所需要的显示内存大小。该选项的设定值为 32 M～1024 M，预设值为 64 M。

6) DVMT Total Memory Size

DVMT Total Memory Size 用于选择分配给 DVMT 所需要的内存大小。该选项的设定值包括：128 M、256 M、MAX。其预设值为 MAX。

7) Intel(R) Rapid Start Technology

Intel(R) Rapid Start Technology 用于选择是否开启 Intel Rapid Start 技术。其预设值为 Disabled。

8) Legacy USB Support

Legacy USB Support(支持 USB 规格键盘/鼠标)用于选择是否在 MS-DOS 操作系统下使用 USB 键盘或鼠标。其预设值为 Enabled。

9) XHCI Hand-Off

XHCI Hand-Off 用于选择是否针对不支持 XHCI Hand-Off 功能的操作系统，强制开启此功能。其预设值为 Enabled。

10) EHCI Hand-Off

EHCI Hand-Off 用于选择是否针对不支持 EHCI Hand-Off 功能的操作系统，强制开启此功能。其预设值为 Disabled。

11) USB Storage Devices

USB Storage Devices (USB 存储设备设定)选项可以列出用户所连接的 USB 存储设备清单。此选项只有在连接 USB 存储设备时才会出现。

12) Two Layer KVM Switch

当用户串联两组 KVM 切换器时，需将 Two Layer KVM Switch 设定为 Enabled，以便排除设备控制异常的情况。其预设值为 Disabled。

13) OnBoard LAN Controller

OnBoard LAN Controller 用于选择是否开启主板内建的网络功能。其预设值为 Enabled。若用户要安装其他厂商的网卡时，需先将此选项设为 Disabled。

14) PCIE Slot Configuration (PCH)

PCIE Slot Configuration (PCH)向用户提供调整 PCIE X4 插槽的频宽。其设定值包括：

Auto BIOS，表示自动依所安装的扩展卡设定频宽。其预设值为 Auto。

x1，表示固定 PCIE X4 插槽的频宽为 x1。

x4，表示固定 PCIE X4 插槽的频宽为 x4。PCIEX1_1 及 PCIEX1_2 插槽将无法使用。

15) SATA Configuration

SATA Configuration 选项的设定值包括 Integrated SATA Controller 和 SATA Mode Selection。

(1) Integrated SATA Controller 用于选择是否启动芯片组内建的 SATA 控制器。其预设值为 Enabled。

(2) SATA Mode Selection 用于选择是否开启芯片组内建 SATA 控制器的 RAID 功能。其设定值包括：

IDE，表示设定 SATA 控制器为一般 IDE 模式。

RAID，表示开启 SATA 控制器的 RAID 功能。

AHCI，表示设定 SATA 控制器为 AHCI 模式。AHCI (Advanced Host Controller Interface)为一种界面规格，可以让存储驱动程序启动进阶为 Serial ATA 功能，例如 Native Command Queuing 及热插拔(Hot Plug)等。其预设值为 Enabled。

16) Serial ATA Port 0/1/2/3/4/5

Serial ATA Port 0/1/2/3/4/5 选项的设定值包括 Port 0/1/2/3/4/5、Hot plug 和 External SATA。

(1) Port 0/1/2/3/4/5 用于选择是否开启各 SATA 插座。其预设值为 Enabled。

(2) Hot plug 用于选择是否开启各 SATA 插座的热插拔功能。其预设值为 Disabled。

(3) External SATA 用于选择是否开启支持外接 SATA 设备功能。其预设值为 Disabled。

17) Super I/O Configuration

Super I/O Configuration 用于提供 I/O 控制器型号信息、设定内建板载 COM 及板载 LPT。其设定值包括：

(1) Serial Port A (内建板载 COM)，用于选择是否启动内建板载 COM。其预设值为 Enabled。

(2) Parallel Port (内建板载 LPT)，用于选择是否启动内建板载 LPT。其预设值为 Enabled。

(3) Device Mode (板载 LPT 运行模式)，表示只有在 Parallel Port 设为 Enabled 时，才能开放设定。此选项提供用户选择板载 LPT 运行模式。其设定值包含以下四种：

Standard Parallel Port Mode，使用传统的板载 LPT 传输模式。其预设值为 Enabled。

EPP Mode，表示使用 EPP (Enhanced Parallel Port)传输模式。

ECP Mode，表示使用 ECP (Extended Capabilities Port)传输模式。

EPP Mode & ECP Mode，表示同时支持 EPP 及 ECP 模式。

18) Intel(R) Smart Connect Technology

Intel(R) Smart Connect Technology 选项提供用户选择是否开启 Intel Smart Connect 技

术。其预设值为 Disabled。

19) Realtek PCIe GBE Family Controller

Realtek PCIe GBE Family Controller 用于向用户提供网络插座的程序信息。

6. Power Management

Power Management (省电功能设定)设置界面如图 3.33 所示。

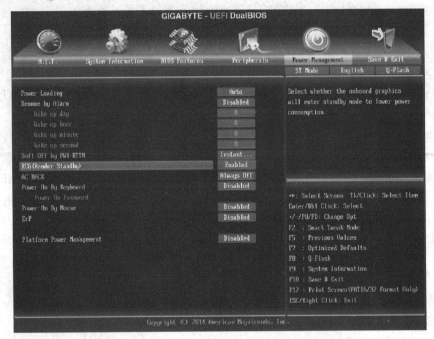

图 3.33　Power Management(省电功能设定)设置

1) Power Loading

Power Loading 用于选择是否开启或关闭虚拟负载。当用户的电源供应器因为负载过低造成断电或死机的保护现象时，可设定为 Enabled。若设为 Auto，BIOS 会自动设定此功能。该选项的预设值为 Auto。

2) Resume by Alarm

Resume by Alarm (定时开机)用于选择是否允许系统在特定的时间自动开机。其预设值为 Disabled。若启动定时开机，则可设定以下时间：

Wake up day: 0(每天定时开机)，1～31(每个月的第几天定时开机)。

Wake up hour/minute/second: (0～23) : (0～59) : (0～59)，表示定时开机时间。

3) Soft-Off by PWR-BTTN

Soft-Off by PWR-BTTN (关机方式)用于选择在 MS-DOS 系统下，使用电源键的关机方式。其设定值包括：

Instant-Off，表示按一下电源键即可立即关闭系统电源。其预设值为 Disabled。

Delay 4 sec，表示需按住电源键 4 s 后才会关闭电源。若按键时间少于 4 s，系统会进入暂停模式。

4) RC6(Render Standby)

RC6(Render Standby)可用于选择是否让内建显示功能进入省电状况，以减少耗电量。其预设值为 Enabled。

5) AC BACK

AC BACK(电源中断后，电源恢复时的系统状况选择)用于选择断电后电源恢复时的系统状况。其设定值包括：

Always Off，表示断电后电源恢复时，系统维持关机状况，需按电源键才能重新启动。其预设值为 Always Off。

Always On，表示断电后电源恢复时，系统将立即被启动。

Memory，表示断电后电源恢复时，系统将恢复至断电前的状况。

6) Power On By Keyboard

Power On By Keyboard(键盘开机功能)用于选择是否使用 PS/2 规格的键盘来启动/唤醒系统。注意：使用此功能时，需使用+5V SB 电流至少提供 1 A 以上的 ATX 电源供应器。其设定值包括：

Disabled，表示关闭此功能。

Any Key，表示使用键盘上任意键来开机。

Keyboard 98，表示设定使用 Windows 98 键盘上的电源键来开机。

Password，表示设定使用 1～5 个字符作为键盘密码来开机。

7) Power On Password

当 Power On By Keyboard 设定为 Password 时，需在 Power On Password (键盘开机功能)选项设定密码。在此选项按 Enter 键后，自设 1～5 个字符为键盘开机密码，再按 Enter 键确认完成设定。当需要使用密码开机时，输入密码再按 Enter 键即可启动系统。若要取消密码，需在此选项按 Enter 键，当请求输入密码的信息出现后，请不要输入任何密码并且再按 Enter 键即可取消。

8) Power On By Mouse

Power On By Mouse (鼠标开机功能)用于选择是否使用 PS/2 规格的鼠标来启动/唤醒系统。注意：使用此功能时，需使用+5V SB 电流至少提供 1 A 以上的 ATX 电源供应器。其设定值包括：

Disabled，表示关闭此功能。其预设值为 Disabled。

Move，表示移动鼠标开机。

Double Click，表示按两次鼠标左键开机。

9) ErP

ErP 用于选择是否在系统关机(S5 待机模式)时将耗电量调整至最低。其预设值为 Disabled。注意：当启动此功能后，电源管理事件唤醒功能、鼠标开机功能、键盘开机功能及网络唤醒功能将无作用。

10) Platform Power Management

Platform Power Management 用于选择是否开启或关闭系统主动式电源管理模式(Active State Power Management，ASPM)。其预设值为 Disabled。

11) PEG ASPM

PEG ASPM 用于控制连接至 CPU PEG 通道设备的 ASPM 模式。 若设为 Auto，BIOS 会自动设定此功能。此选项只有在 Platform Power Management 设为 Enabled 时，才能开放设定。该选项的预设值为 Auto。

12) PCIe ASPM

PCIe ASPM 用于选择控制连接至芯片组 PCI Express 通道设备的 ASPM 模式。若设为 Auto，BIOS 会自动设定此功能。此选项只有在 Platform Power Management 设为 Enabled 时，才能开放设定。该选项的预设值为 Auto。

13) CPU DMI Link ASPM Control

CPU DMI Link ASPM Control 用于选择控制 CPU 端 DMI Link 的 ASPM 模式。若设为 Auto，BIOS 会自动设定此功能。此选项只有在 Platform Power Management 设为 Enabled 时，才能开放设定。该选项的预设值为 L0sL1。

14) PCH DMI Link ASPM Control

PCH DMI Link ASPM Control 用于设定同时控制 CPU 及芯片组 DMI Link 的 ASPM 模式。若设为 Auto，BIOS 会自动设定此功能。此选项只有在 Platform Power Management 设为 Enabled 时，才能开放设定。该选项的预设值为 Enabled。

7. Save & Exit

Save & Exit (存储设定值并结束设定程序)设置界面如图 3.34 所示。

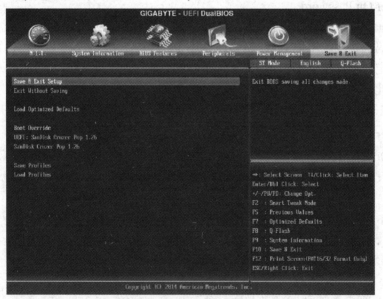

图 3.34　Save & Exit(存储设定值并结束设定程序)设置

1) Save & Exit Setup

在 Save & Exit Setup(存储设定值并结束设定程序)选项下按 Enter 键然后再选择"Yes"，即可存储所有设定结果并离开 BIOS 设定程序。若不需要存储，选择 "No" 或按 Esc 键即可恢复主画面。

2) Exit Without Saving

在 Exit Without Saving (结束设定程序但不储存设定值)选项下按 Enter 键然后再选择
"Yes"，BIOS 将不会存储此次修改的设定，并离开 BIOS 设定程序。选择"No"或按 Esc
键即可恢复主画面。

3) Load Optimized Defaults

在 Load Optimized Defaults (载入最佳化预设值)选项下按 Enter 键然后再选择"Yes"，
即可载入 BIOS 出厂预设值。 执行此功能可载入 BIOS 的最佳化预设值。此设定值较能发
挥主板的运行性能。在更新 BIOS 或清除 CMOS 数据后，请务必执行此功能。

4) Boot Override

Boot Override(选择立即开机设备)用于选择要立即开机的设备。此选项下方会列出可开
机设备，在用户要立即开机的设备上按 Enter 键，并在要求确认的信息出现后选择"Yes"，
系统会立刻重新开机，并从用户所选择的设备开机。

5) Save Profiles

Save Profiles(存储设定文件)用于将设定好的 BIOS 设定值存储成一个 CMOS 设定文件
(Profile)，最多可设置 8 组设定文件(Profile 1～8)。选择要存储的 Profile 1～8 中的一组文件，
再按 Enter 键即可完成设定。也可以选择 Select File in HDD/USB/FDD，将设定文件复制到
用户的存储设备。

6) Load Profiles

系统若因运行不稳定而重新载入 BIOS 出厂预设值时，可以使用 Load Profiles(载入设
定文件)将预存的 CMOS 设定文件载入，即可免去再重新设定 BIOS 的麻烦。在要载入的设
定文件上按 Enter 键即可载入该设定文件数据。也可以选择 Select File in HDD/USB/FDD，
从用户的存储设备复制到其他设定文件，或载入 BIOS 自动存储的设定文件(例如前一次良
好开机状况时的设定值)。

 思考题

(1) 判断旧计算机的 BIOS 属于哪个版本，如何对 BIOS 进行设置？

(2) UEFI BIOS 与传统 BIOS 有什么区别？

(3) 熟悉自己笔记本电脑 UEFI BIOS 的设置。

项目四　启动 U 盘的制作

任务 1　制作工具介绍

启动 U 盘制作工具众多，一般用于系统崩溃时修复系统、备份还原，系统密码丢失时可以重置密码。可以用光盘、U 盘、移动硬盘甚至手机内存卡等存储设备作为启动盘。启动盘制作经历了三个阶段。

一、早期——DOS 工具箱

相信 2005 年以前很多用户都用过 DOS 工具箱，由于当时存储设备刚刚问世，价格比较昂贵。用于系统维护，尤其是机房管理的启动盘一般是由 3.5 英寸的软盘制作而成的。制作成功的启动软盘读/写速度慢，并且容易损毁，且一张软盘的使用次数较少。

二、中期——老毛桃 PE 工具及量参技术

2005 年以后，计算机病毒发展迅速，因此软盘很容易中毒。USB 接口标准的提高，使读/写速度大幅提升，更重要的是当时芯片制造工艺的高速发展使存储设备价格大幅降低，U 盘走进个人用户家庭，出现了 U 盘量参技术。量参技术可将存储设备的一部分空间用于安装启动盘，并且这部分不容易被病毒感染，其他存储部分可继续当作 U 盘使用。U 盘量参成功后，插到计算机 USB 接口上，打开"我的电脑"，量参部分显示为光盘图标，剩余部分显示为 U 盘图标。但是，量参技术也有一定的风险，如果量参不成功，整个 U 盘将无法读取，只能重新替换。

与此同时，计算机论坛中出现了一个网名叫老毛桃的版主，此版主精通各种操作系统的 PE 启动盘制作技术，并且无私奉献其制作出的软件，他制作的软件包一般用自己的网名命名。使用他的 PE 技术可以方便快捷地制作启动 U 盘，并且制作风险很低，广受计算机维护人员的欢迎。老毛桃在 1999 年只是成立了论坛，现在已有了官方网站。

三、后期——制作工具百家争鸣

2009 年后，计算机装机及系统维护几乎不用光驱，各种 U 盘启动工具如雨后春笋般层出不穷，大体可以分为两类。

1. Windows 7 USB DVD Download Tool

Windows 7 USB DVD Download Tool 是微软官方推出的制作工具。该工具需要操作系统原版 ISO 格式安装镜像，相当于把镜像刻到 U 盘中，用 U 盘安装系统，不带任何第三方

软件，系统安装后需要激活。

2．第三方 U 盘启动制作工具

第三方 U 盘启动制作工具，比较著名的有：

(1) 老毛桃启动 U 盘制作工具。

(2) 电脑店启动 U 盘制作工具。

(3) 大白菜启动 U 盘制作工具。

(4) U 深度启动 U 盘制作工具。

(5) 雨林木风启动 U 盘制作工具。

(6) 萝卜家园启动 U 盘制作工具。

第三方 U 盘制作工具界面大同小异，但各有所长，且操作简单易懂，掌握一种制作工具就足够处理一般的系统故障了。

任务 2 制 作 实 战

每种制作工具按照操作系统的不同，可分为针对服务器系统 Windows 2003 的制作工具、针对用户操作系统(Windows XP、Windows 7、Windows 8)的制作工具。每一种系统启动盘中都包含系统维护工具。

一、软件安装

下面以 U 深度启动 U 盘制作工具的最新版本 v3.0 为例，讲解启动 U 盘的制作方法。

(1) 准备一个空的 U 盘，因为用 U 盘模式制作启动盘会清空 U 盘上的数据，所以需要提前转移 U 盘上的资料。然后在 U 深度官网上下载 WIN7 PE 工具箱 v3.0 软件，并安装到系统完好的计算机上，如图 4.1 所示。

图 4.1　软件下载

(2) 双击打开 v3.0 软件，单击"立即安装"按钮，如图 4.2 所示。有经验的用户可以选择图 4.2 右下角的"自定义安装"选项。

图 4.2　软件安装

(3) 安装完成后单击"立即体验"按钮即可进入软件界面，如图 4.3 所示。

图 4.3　软件安装完成

二、U 盘模式启动 U 盘的制作方法

(1) 打开 U 深度 WIN7 PE 工具箱 v3.0，界面默认显示的已经是 U 盘模式，此时将 U 盘连接到计算机的 USB 接口，等待工具识别完成后，单击"一键制作启动 U 盘"按钮，如图 4.4 所示。

图 4.4　U 盘识别

由图4.4可知,软件识别出 U 盘的品牌是 SanDisk,容量是 8 GB。图中显示的容量是 6.95 GB,原因是商家的单位标准为 1 MB = 1000 KB,而计算机识别的单位标准是 1 MB = 1024 KB。

(2) 单击"一键制作启动 U 盘"按钮后,软件会弹出警告窗口,确保 U 盘资料已经转移后,可以单击"确定"按钮,如图 4.5 所示。

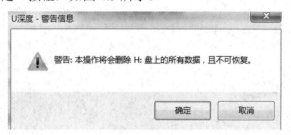

图 4.5　报警信息

(3) 等待启动盘制作,如图 4.6 所示。启动 U 盘制作好后,软件会提示是否进入模拟启动,单击"是"按钮,如图 4.7 所示。

图 4.6　制作界面

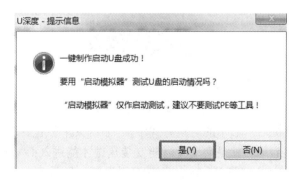

图 4.7　制作成功提示界面

(4) 进入模拟启动成功，说明启动盘制作完成。切记不要进一步测试，以免出现错误。此时按 Ctrl+Alt 组合键释放鼠标，然后关闭模拟启动窗口，如图 4.8 所示。

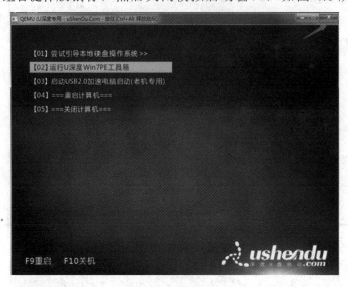

图 4.8　模拟启动

三、本地模式使用方法

(1) 打开 U 深度 WIN7 PE 工具箱 v3.0，单击"本地模式"按钮，在本地模式界面中，首先设置安装路径，如图 4.9 所示。

图 4.9　本地模式安装路径设置

(2) 重新启动计算机后，显示的启动方式中，"系统菜单"包括 U 深度 WIN7 PE 工具箱 v3.0 的选项；"热键启动"就是启动时需要安装热键才能进入；"启动密码"是为了防止他人进入 U 深度 WIN7 PE 工具箱 v3.0，一般不用设置。最后单击"一键安装到 C 盘"按钮，如图 4.10 所示。

图 4.10　本地模式安装

(3) 在弹出的信息窗口中单击"确定"按钮即可，如图 4.11 所示。 等待制作完成，最后返回主界面就能够看到"卸载本地模式"的按钮，这说明制作成功了，如图 4.12 所示。

图 4.11　安装成功提示信息　　　　　　图 4.12　安装成功本地模式界面

(4) 制作成功后，重启计算机会出现"U 深度本地模式"启动项选择，确定进入即可在不借助 U 盘的情况下，直接使用 U 深度 WIN7 PE 的功能，如图 4.13 所示。

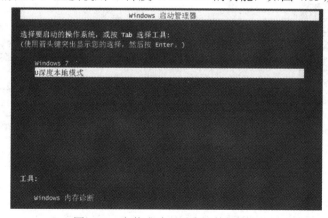

图 4.13　安装成功后重启计算机界面

以上即为 U 深度 WIN7 PE 工具箱 v3.0 启动 U 盘的制作方法。U 深度 WIN7 PE 工具箱 v3.0 具备应对系统故障所使用的工具，且十分完善，制作成 U 盘启动盘更加方便实用。

四、U 盘模式和本地模式比较

(1) 当计算机系统无法启动、完全崩毁的时候，可采用 U 盘模式维护。

(2) 当计算机系统启动后能进入如图 4.13 所示的界面时，可采用本地模式维护。

这两种模式的功能完全相同，具体情况要视计算机系统损毁的程度而定。本地模式不需要 U 盘，备份、恢复非常方便。

五、微软官方 Windows 7 USB/DVD Download Tool 安装盘制作

微软官方推出的 Windows 7 USB/DVD Download Tool 软件简化了安装 Windows 7 的操作过程。用户需要下载 Windows 7 系统的 ISO 镜像文件并运行 Windows 7 USB/DVD Download Tool，选择所用的 ISO 镜像文件和需要安装的 USB 存储盘或 DVD 光盘之后，程序便可自动地在 U 盘或 DVD 光盘上安装 Windows 7 安装文件。制作好启动盘后，用户即可直接使用 USB 存储盘或光盘启动安装系统。启动后运行根目录下的 Setup.exe 程序就可以开始安装 Windows 7 操作系统了。

首先，要准备一个大于 4 GB 的 U 盘(Windows 7 的完整安装程序容量超过 3 GB)。其次，准备 Windows 7 的正版 ISO 安装镜像，不可使用其他版本的 ISO 文件。最后，用户的计算机主板必须支持 Removable Dev(可便携设备)启动(在 BIOS 里查找，若 BIOS 中有类似 USB 或 Removable Dev 或可便携设备等字样即可)。制作步骤如下：

(1) 安装 Windows 7 USB/DVD Download Tool，安装完成后在桌面会出现程序图标，如图 4.14(a)、(b)所示。

　　　　(a) U 盘识别与选择　　　　　　　　　　　　　(b) 制作过程

图 4.14　工具图标

(2) 双击屏幕上的 Windows 7 USB/DVD Download Tool 图标，运行之后会出现如图 4.15 所示的界面，单击"Browse"按钮，选择 Windows 7 的 ISO 镜像文件，然后单击"Next"

按钮。

图 4.15　ISO 镜像选择

(3) 上步操作完成后，会出现如图 4.16 所示的界面，选择安装使用的设备，界面右下角有"USB device"和"DVD"两个选项，选择"USB device"选项，如图 4.16 所示。

图 4.16　安装设备选择

(4) 继续单击"Next"按钮后会出现如图 4.17(a)所示的界面。此时，在 USB 设备选择要安装的 U 盘，单击右下角的"Begin copying"按钮，软件即开始将 ISO 格式刻录进 U 盘，如图 4.17(a)、(b)所示。注意，程序首先会自动格式化 U 盘，请先将 U 盘里重要的数据备份。

　　　　　　　　　(a)　　　　　　　　　　　　　　　　　　　(b)

图 4.17　刻录过程

(5) 刻录过程大概需要几分钟(取决于 U 盘的写入速度)。刻录完成后，可以单击右上角的"X"按钮关闭软件，如图 4.18 所示。请勿单击"Start over"按钮。

图 4.18　刻录完成

(6) 安装结束后，U 盘在"我的电脑"里显示如图 4.19 所示的样式，说明安装盘制作成功。

图 4.19　制作成功

另外需注意，360 软件会主动删除安装 U 盘里的 Autorun 安装信息，所以安装 360 软件的用户需格外注意。U 盘的剩余空间完全可以作为常规 U 盘使用，建议在根目录另建一个文件夹存放其他文件。根据测试，用 U 盘装系统比用 DVD 装系统速度快。同时，给笔记本电脑(使用 DVD 安装盘，正版家庭高级版盒装)和台式机(U 盘安装)安装系统，台式机的安装速度要比笔记本电脑的快很多。

 思考题

(1) 主流的启动 U 盘制作工具有哪些？
(2) 哪些设备可以用来制作启动 U 盘？
(3) 怎样用"电脑店"软件制作启动 U 盘？

项目五　硬盘分区与格式化

任务1　概念介绍

一、硬盘分区的必要性

现在的硬盘容量比较大，若作为一个硬盘来使用，会造成硬盘空间的浪费，而且所有的数据都在一个盘中，给文件的管理也带来了较大的不便。因此，需要把一个大的硬盘分成几个逻辑硬盘。以下情况需要对硬盘进行分区：

(1) 新硬盘，需要先分区，然后进行高级格式化。

(2) 硬盘中增加新的操作系统。

(3) 对已有分区不满意，根据自己的需要和习惯改变分区的数量和每个分区的容量。

(4) 因某种原因(如病毒)或误操作使硬盘分区信息被破坏时，需要重新分区。

二、Windows 的三种文件系统

文件系统是操作系统用于明确磁盘或分区上的文件的方法和数据结构，是在磁盘上组织文件的方法；也指用于存储文件的磁盘或分区，或文件系统种类。文件系统对应的是硬盘的分区，而不是整个硬盘，不管硬盘是几个分区(一个或多个分区)，不同的分区都可以有不同的文件系统。举个通俗的比喻，一块硬盘就像一块空地，文件就像不同的材料，我们首先得在空地上建起仓库(分区)，并且指定好(格式化)仓库对材料的管理规范(文件系统)，这样才能将材料运进仓库保管。目前，Windows 的三种文件系统分别是 FAT16、FAT32、NTFS(早期有 FAT)，其中 NTFS 最常用。

FAT16 是 MS-DOS 和最早期的 Windows 95 操作系统中使用的磁盘分区格式，它采用 16 位的文件分配表，只支持 2 GB 的硬盘分区，即一个分区不能超过 2 GB。

FAT32 采用 32 位的文件分配表，突破了 2 GB 的硬盘分区的限制，对磁盘的管理能力大大增强，Windows 95 以后的操作系统都支持这种分区格式。

NTFS 的优点是安全性和稳定性非常好，在使用中不易产生文件碎片。同时，NTFS 能对用户的操作进行记录，通过对用户权限进行非常严格的限制，使每个用户只能按照系统赋予的权限进行操作，这充分保护了系统与数据的安全。

三种文件系统的优劣如表 5.1 所示。

表 5.1　NTFS、FAT32、FAT16 文件系统比较

NTFS 文件系统	FAT32 文件系统	FAT16 文件系统
支持单个分区大于 2 GB	支持单个分区大于 2 GB	支持单个分区小于 2 GB
支持磁盘配额	不支持磁盘配额	不支持磁盘配额
支持文件压缩(系统)	不支持文件压缩(系统)	不支持文件压缩(系统)
支持 EFS 文件加密系统	不支持 EFS	不支持 EFS
产生的磁盘碎片较少	产生的磁盘碎片适中	产生的磁盘碎片较多
适合于大磁盘分区	适合于中小磁盘分区	适合于小于 2 GB 的磁盘分区
支持 Windows NT	支持 Windows 9x，不支持 Windows NT4.0	不支持 Windows 2000，支持 Windows NT、Windows 9x

NTFS 目前最常用，且相比于 FAT32 和 FAT16 有以下优点：

(1) 支持文件加密，这也是 NTFS 的最大优点；

(2) 支持大硬盘，且硬盘分配单元非常小，从而减少了磁盘碎片的产生。NTFS 更适合现今的硬件配置(大硬盘)和操作系统(Windows XP、Windows 7、Windows 8、Windows 10)。

(3) NTFS 文件系统相比 FAT32 文件系统具有更好的安全性，表现在不同用户对不同文件或文件夹设置的访问权限上。

(4) CIH 病毒在 NTFS 文件系统下无法传播。

三、MBR 与 GPT 分区表

当启动计算机时，会先启动主板自带的 BIOS/UEFI 系统，BIOS 加载 MBR/GPT，MBR/GPT 再启动 Windows，这就是计算机启动分区引导过程。

1. 两种分区表的概念

MBR(Master Boot Record)和 GPT(GUID Partition Table)是在磁盘上存储分区信息的两种不同的方式。这些分区信息包含了分区从哪里开始的信息，这样操作系统才知道哪个扇区是属于哪个分区的，以及哪个分区是可以启动的。在磁盘上创建分区时，必须在 MBR 和 GPT 之间做出选择。

MBR 的意思是"主引导记录"，最早于 1983 年在 IBM PC DOS 2.0 中提出。之所以称其为"主引导记录"，是因为 MBR 是存在于驱动器开始部分的一个特殊的启动扇区，这个扇区包含了已安装的操作系统的启动加载器和驱动器的逻辑分区信息。所谓启动加载器，是一小段代码，用于加载驱动器上其他分区上更大的加载器。如果安装了 Windows，Windows 启动加载器的初始信息就放在这个区域里，如果 MBR 的信息被覆盖导致 Windows 不能启动，就需要使用 Windows 的 MBR 修复功能来使其恢复正常；如果安装了 Linux，则位于 MBR 里的通常会是 GRUB 加载器。MBR 支持最大 2 TB 的磁盘，它无法处理大于 2 TB 容量的磁盘；MBR 还只支持最多四个主分区，如果想要更多分区，则需要创建所谓的"扩展分区"，并在其中创建逻辑分区。MBR 已经成为磁盘分区和启动的工业标准。

GPT 的意思是 GUID 分区表(GUID 为全局唯一标识符)，这是一个正逐渐取代 MBR 的新标准。它和 UEFI 相辅相成，UEFI 用于取代老旧的 BIOS，而 GPT 则用于取代老旧的 MBR。之所以称 GPT 为"GUID 分区表"，是因为驱动器上的每个分区都有一个全局唯一

的标识符(Globally Unique Identifier，GUID)，这是一个随机生成的字符串，可以保证为全球的每一个 GPT 分区都分配完全唯一的标识符。这个标准没有 MBR 的那些限制，磁盘驱动器容量可以大得多，大到操作系统和文件系统都无法支持。它同时还支持几乎无限个分区数量，限制只在于操作系统，Windows 支持最多 128 个 GPT 分区，而且还不需要创建扩展分区。

在 MBR 磁盘上，分区和启动信息是保存在一起的，若这部分数据被覆盖或破坏，则系统无法启动；相对的，GPT 在整个磁盘上保存多个这部分信息的副本，因此它更为健壮，并可以恢复被破坏的这部分信息；GPT 为这些信息保存了循环冗余校验码(CRC)以保证其完整和正确，如果数据被破坏，GPT 会发现并从磁盘上的其他地方进行恢复，而 MBR 则对这些问题无能为力，只有在问题出现后，使用者才会发现计算机无法启动，或者磁盘分区已经不翼而飞了。

2. 两种分区表的比较

GPT 的驱动器会包含一个"保护性 MBR"。这种 MBR 会认为 GPT 驱动器有一个占据了整个磁盘的分区，如果使用 MBR 磁盘工具对 GPT 磁盘进行管理，只会看见一个占据整个磁盘的分区。这种保护性 MBR 保证 MBR 磁盘工具不会把 GPT 磁盘当作没有分区的空磁盘，从而避免用 MBR 覆盖掉本来存在的 GPT 信息。

在基于 UEFI 的计算机系统上，所有 64 位版本的 Windows 10、Windows 8.1、Windows 8、Windows 7 和 Vista，以及其对应的服务器版本，都只能从 GPT 分区启动；所有版本的 Windows 10、Windows 8.1、Windows 8、Windows 7 和 Vista 都可以读取和使用 GPT 分区。其他新式操作系统也同样支持 GPT，Linux 内建了 GPT 支持；苹果公司基于 Intel 芯片的 MAC 计算机也不再使用自家的 APT(Apple Partition Table)，转而使用 GPT。操作系统支持 GPT 分区表如表 5.2 所示。

表 5.2 操作系统支持 GPT 分区表

操作系统	数据盘	系统盘
Windows XP 32 位	不支持 GPT 分区	不支持 GPT 分区
Windows XP 64 位	支持 GPT 分区	不支持 GPT 分区
Windows Vista 32 位	支持 GPT 分区	不支持 GPT 分区
Windows Vista 64 位	支持 GPT 分区	GPT 分区需要 UEFI BIOS
Windows 7 32 位	支持 GPT 分区	不支持 GPT 分区
Windows 7 64 位	支持 GPT 分区	GPT 分区需要 UEFI BIOS
Windows 8 64 位	支持 GPT 分区	GPT 分区需要 UEFI BIOS
Windows10 64 位	支持 GPT 分区	GPT 分区需要 UEFI BIOS
Linux	支持 GPT 分区	GPT 分区需要 UEFI BIOS

表 5.2 可以归纳为如下三点：

(1) 除去 Windows XP 32 位系统，其他 Windows 版本都能做到数据盘兼容 GPT 分区。

(2) 所有的 32 位 Windows 版本，系统盘都不能兼容 GPT 分区。

(3) 从 Windows Vista 64 位开始的系统，系统盘都能兼容 GPT 分区，当然前提是用户的计算机必须支持 UEFI 模式。

MBR 最多支持四个主分区，GPT 则没有限制，即一台计算机若希望运行多个系统，MBR 最多四个，而 GPT 没有限制；MBR 最多支持 2 TB 的硬盘容量，而 GPT 理论上是无限制的，但如果系统盘超过 2 TB，则只能选择 GPT+UEFI，2 TB 以下 GPT 都支持；苹果用户只支持 GPT。

任务 2　分区及格式化实战

一、工具比较

　　一般把硬盘分成主分区和扩展分区，然后再把扩展分区分成几个逻辑分区。通常主分区就是常说的 C 盘，而 D、E、F、G 等是扩展分区中的几个逻辑分区。

　　分区步骤如下：

　　第一步，从"硬盘"菜单中选择要分区的硬盘(如果计算机中装有多个硬盘)；

　　第二步，建立主分区；

　　第三步，建立扩展分区；

　　第四步，建立逻辑 DOS 分区。

　　目前系统越来越大，对单个机械硬盘一般建议 C 盘分 120 GB 左右，其他盘符按照个人喜好分，但不宜分太多分区；对固态硬盘和机械硬盘，建议固态硬盘安装操作系统，机械硬盘做数据存储，这样配置计算机的运行速度会比较快。

　　常见的分区方法有 Windows 自带分区工具，PQ、DM、Disk Genius 等第三方工具，DOS 下命令分区以及低级格式化。

1. Windows 自带分区工具

　　新计算机有时刚开始只有一个分区，而若想将它分成更多的小分区方便文件分类管理，或者重装系统后想重新分区，又或者对现有的分区不满意，这时就需要对计算机磁盘进行重新分区。如果有专业的第三方分区工具，可以直接使用分区工具进行专业的分区；如果没有专业的分区工具或不方便下载，就可以考虑使用 Windows 自带的磁盘管理工具进行简单的分区。虽然该工具的功能不是很强大，但进行基本的分区还是可以的。

2. PQ、DM、Disk Genius 等第三方工具

　　大白菜、老毛桃、U 启动、电脑店、U 深度、雨林木风等第三方 PE 系统，都集成了 PQ、DM、Disk Genius 等分区工具，目前最常用的是 Disk Genius，使用该工具进行分区的详细步骤可参见后面的实例。

3. DOS 下命令分区

　　DOS 下命令分区在第三方工具出来前常使用，但其操作及分区格式化耗时长，且需要严格按照步骤操作，因此目前不常使用。在 DOS 下命令分区需要考虑顺序。创建分区时，先创建主分区，再创建扩展分区，最后创建逻辑分区；删除分区时，先删除逻辑分区，再删除扩展分区，最后删除主分区。

4. 低级格式化

　　低级格式化的主要目的是划分磁柱面(磁道)、建立扇区数和选择扇区的间隔比，即为

每个扇区标注地址和扇区头标志，并以硬盘能识别的方式进行数据编码。若经常对硬盘进行低级格式化，将会减少硬盘的使用寿命。少数品牌硬盘在商标上明确标出禁止低级格式化，否则将永久损坏硬盘。允许低级格式化的硬盘一旦进行了低级格式化，将永久丢失硬盘上原有的信息，无法挽救。现在制造的硬盘在出厂时均做过低级格式化，用户一般不必重做。除非所用硬盘坏道较多或染上无法清除的病毒，不得不做一次低级格式化。

二、实战

下面以 500 GB 硬盘、大白菜 PE 下 Disk Genius 分区工具为例，详细讲解分区过程。

第一步：将制作好的大白菜 U 盘启动盘插入 USB 接口(台式用户建议将 U 盘插在主机机箱后置的 USB 接口上)，然后重启计算机，出现开机画面时，通过使用启动快捷键引导 U 盘启动进入到大白菜主菜单界面，并选择"【02】大白菜 WIN8 PE 标准版(新机器)"选项后按 Enter 键确认，如图 5.1 所示。

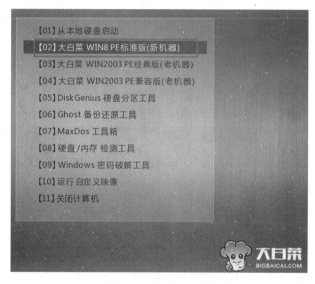

图 5.1　大白菜 PE 界面

第二步：登录到大白菜装机版 PE 系统桌面，单击打开桌面上的分区工具，如图 5.2 所示。

图 5.2　Disk Genius 工具

第三步：在打开的分区工具窗口中，选中需要进行分区的硬盘(多个硬盘的用户需要特别注意，如果选错硬盘，分区格式化后数据会丢失)，如图5.3所示。

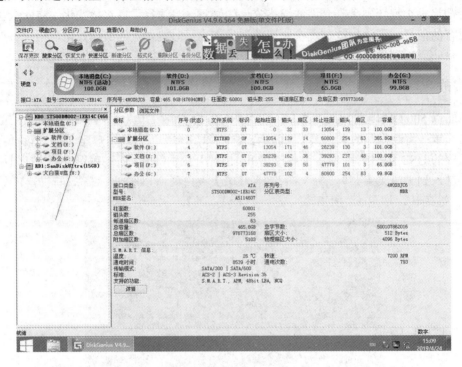

图5.3　选择需要分区的硬盘

　　第四步：在打开的分区工具窗口中，选中硬盘并分区后，选择菜单栏"删除分区"，如图5.4、图5.5所示。如果是对新硬盘进行分区，则忽略该步骤。

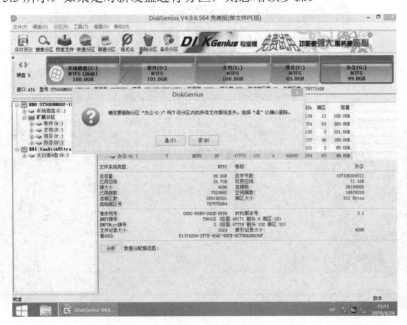

图5.4　选择删除已有分区

图 5.5 分区删除确认

第五步：按第四步删除所有逻辑分区，会看到已删除逻辑分区是空闲状态，且横柱上方为绿色，表示该整体为扩展分区，如图 5.6 所示。

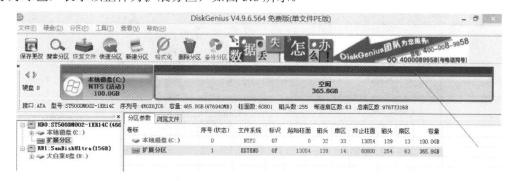

图 5.6 删除逻辑分区

第六步：按照同样的方法，扩展分区删除后，横柱上方为灰色，如图 5.7 所示。

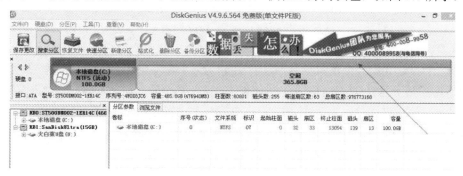

图 5.7 删除扩展分区

第七步：按照同样的方法，删除主分区，主分区磁盘空间自动合并。删除主分区后与新硬盘第一次进入 PE 下的识别一样，如图 5.8 所示。

图 5.8 500 GB 未分区硬盘

第八步：建立分区，选择菜单栏"新建分区"，如图 5.9 所示。

第九步：建立主分区，选择"主磁盘分区"单选按钮，文件系统类型为"NTFS"。主分区即 C 盘，大小一般为 120 GB，在选中"对齐到下列扇区数的整数倍"复选框的同时，在其下拉列表框中选择"4096 扇区(2 097 152 字节)"，即 4 KB 对齐，如图 5.10 所示。

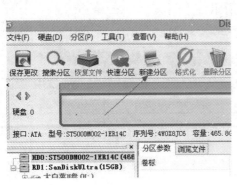

图 5.9　新建分区

图 5.10　建立主分区

第十步：建立扩展分区，选择"扩展磁盘分区"单选按钮，文件系统类型为"NTFS"。扩展分区即该硬盘 C 盘以外所有盘之和(D、E、F、…)，大小为默认剩余空间，在选中"对齐到下列扇区数的整数倍"复选框的同时，在其下拉列表框中选择"4096 扇区(2 097 152 字节)"，即 4 KB 对齐，如图 5.11 所示。

第十一步：建立第一个逻辑分区，选择"逻辑分区"单选按钮，文件系统类型为"NTFS"。逻辑分区即扩展分区中(D、E、F、…)希望建立的盘及其空间大小，大小按照个人喜好填入，但不宜太多。该盘扩展分区为 346 GB，若希望第一个逻辑分区(D 盘)为 200 GB，在选中"对齐到下列扇区数的整数倍"复选框的同时，在其下拉列表框中选择"4096 扇区(2 097 152 字节)"，即 4 KB 对齐，如图 5.12 所示。

图 5.11　建立扩展分区

图 5.12　建立第一个逻辑分区

第十二步：建立最后一个逻辑分区，选择"逻辑分区"单选按钮，文件系统类型为"NTFS"，大小为默认值，在选中"对齐到下列扇区数的整数倍"复选框的同时，在其下拉列表框中选择"4096 扇区(2 097 152 字节)"，即 4 KB 对齐，如图 5.13 所示。

图 5.13 建立最后一个逻辑分区

第十三步：前面删除分区及新建分区的操作都还没有被执行，单击菜单栏"保存更改"按钮，前面的操作会被执行，同时会对该硬盘分区的每个盘符进行格式化操作，如图 5.14 所示。

图 5.14 分区格式化执行

 思考题

(1) 什么情况下需要对硬盘重新分区？

(2) Windows 的三种文件系统是什么？各有什么优缺点？

(3) 比较 MBR 和 GPT 分区表。

(4) 谈谈你熟悉的分区工具。

项目六　安装操作系统与应用软件

任务 1　操作系统安装方法

一、系统版本

各种系统，尤其是 Windows XP 系统光盘的版本众多，但是究其安装方式来讲，可分为安装版和 Ghost 版；究其出品方讲，可分为微软原版和第三方修改版，建议安装微软原版。

1. 微软原版

微软原版是 Windows XP 的著作权人微软发布的系统镜像。

优点：系统稳定、纯净，兼容性好，安全更新效果好。

缺点：安装繁琐、耗时长，且安装版是在镜像程序的引导下，通过分区、复制按步骤进行安装的。

2. 第三方修改版

修改版则是第三方在原版的基础上，进行精简优化并且添加了一些程序的系统镜像。Ghost 版都是第三方修改版，通常集成常见的驱动和软件。Ghost 版是对完整操作系统和一些驱动、补丁、工具软件的备份。

优点：Ghost 版安装简便，大多数都可以一键恢复到 C 盘，但是兼容性和稳定性稍差，集成的软件和驱动版本较旧。

缺点：修改版也有纯净版本，但是大多数都夹带有恶意程序，个别的甚至带有木马，指定访问某些网站等。

需要注意一点，安装版是指微软原版和第三方修改的集成安装版。集成安装版是指在原版的基础上，将安装方式智能化，优化家庭用户不常用的功能，集成常见驱动和常用软件并提供选择的修改版系统。

二、安装方法

系统的安装方法很多，总体来说包括光盘安装、硬盘安装和 U 盘安装三种。本章重点讲解光盘安装原版 Windows XP 操作系统、U 盘安装本机备份的 Windows XP 操作系统，U 盘安装原版 Windows 7 操作系统及 U 盘安装原版 Windows 8 操作系统。

任务 2　安装 Windows XP 操作系统

一、光盘安装原版 Windows XP 操作系统

在安装 Windows XP 之前，需要对计算机进行一些相关的设置，例如 BIOS 启动项的调

整、硬盘分区的调整以及格式化等。正确、恰当地调整这些设置将为顺利安装系统，乃至日后方便地使用系统打下良好的基础。

1. BIOS 启动项设置

在安装系统之前，需要在 BIOS 中将光驱设置为第一启动项，设置方法在项目三中已经详尽叙述。

2. 选择系统安装分区

从光驱启动系统后，会出现如图 6.1 所示的 Windows XP 安装欢迎页面。根据屏幕提示，按下 Enter 键继续进入下一步安装进程。

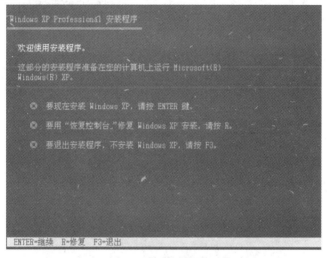

图 6.1　安装欢迎页面

接着会出现如图 6.2 所示的 Windows 用户许可协议页面。如果要继续安装 Windows XP，则需按 F8 键同意此协议。

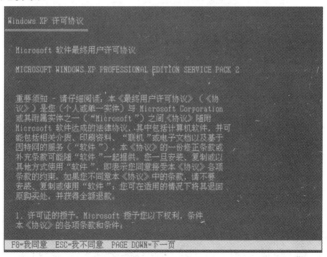

图 6.2　用户许可协议

同意协议后，即可进入如图 6.3 所示的 Windows XP 安装界面。新买的硬盘还没有进行分区，可按"C"键进入硬盘分区划分页面。如果硬盘已经分好区，就不用再进行分区了。

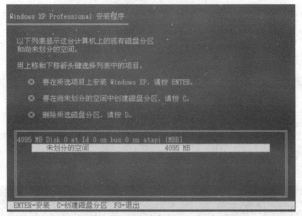

图 6.3　选择 Windows XP 安装分区

　　图 6.4 所示的界面是把整个硬盘都分成一个区，当然在实际使用过程中，应当按照需要把一个硬盘划分为若干个分区。关于安装 Windows XP 系统的分区，如果没有特殊用途的话以 20 GB 为宜。

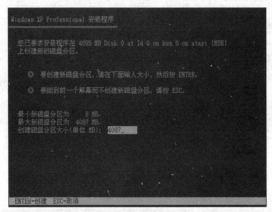

图 6.4　划分硬盘分区安装 Windows XP

　　分区结束后，就可以选择要安装系统的分区了。选择好某个分区后，按 Enter 键即可进入下一步，如图 6.5 所示。

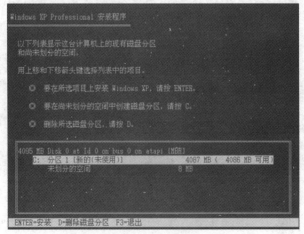

图 6.5　选择 C 盘安装 Windows XP

3．选择文件系统

选择好系统的安装分区后，还需要选择文件系统。在 Windows XP 中有两种文件系统可供选择，分别为 FAT32 和 NTFS。从兼容性上来说，FAT32 稍好于 NTFS；而从安全性和性能上来说，NTFS 要比 FAT32 好。作为普通 Windows 用户，推荐选择 NTFS 格式。在本例中也选择 NTFS 文件系统，如图 6.6 所示。

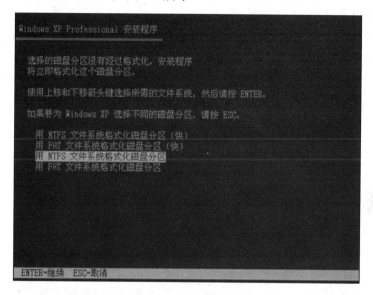

图 6.6　文件系统选择

以上即为 Windows XP 系统安装前的设置，完成后即可进行文件复制，如图 6.7 所示。

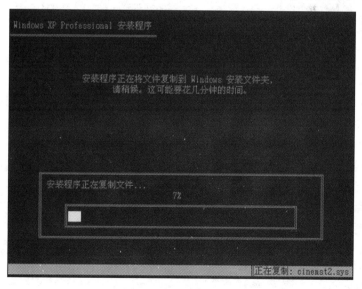

图 6.7　开始复制安装文件

安装文件复制完成后，Windows XP 系统安装前的设置工作就已经结束了，重启后进入下一步安装和设置过程。

4．Windows XP 系统安装中的设置

在完成系统安装前的设置后，即可将系统安装到硬盘。虽然 Windows XP 的安装过程基本不需要人工干预，但是诸如输入序列号、设置时间、网络、管理员密码等项目还是需要用户设置的。Windows XP 采用图形化的安装方式，在安装页面中，左侧标识了正在进行的内容，右侧则采用文字列举的方式，这是相对于以前版本所具有的新特性。

(1) 区域和语言选项。

Windows XP 支持多区域以及多语言，因此在安装过程中，需要设置区域以及语言选项。Windows XP 内置了各个国家的常用配置，只需要选择某个国家，即可完成区域的设置。而语言的设置主要涉及默认的语言以及输入法的内容，选择"语言"选项卡即可进行相应的设置，如图 6.8 所示。

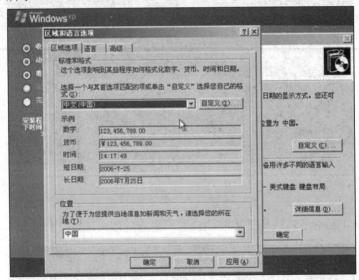

图 6.8　自定义区域和语言

(2) 输入个人信息。

个人信息包括姓名和单位两项。对于企业用户来说，这两项内容可能会有特殊的要求；对于个人用户来说，填入任意内容即可。

(3) 输入序列号。

需要输入 Windows XP 的序列号才能进行下一步安装。一般来说，可以在系统光盘的包装盒上找到序列号。

(4) 设置系统管理员密码。

在安装过程中，Windows XP 会自动设置一个系统管理员账户，用户需要为这个系统管理员账户设置密码。由于系统管理员账户的权限非常大，所以这个密码应尽量设置得复杂一些。

(5) 设置日期和时间。

系统的日期以及时间也需要在此进行设置。

(6) 设置网络连接。

网络是 Windows XP 系统的一个重要组成部分，也是目前工作、生活所必需的。在安

装过程中需要对网络进行相关的设置(如图 6.9 所示)。如果是通过 ADSL 等常见的方式上网，选择"典型设置"单选按钮即可。

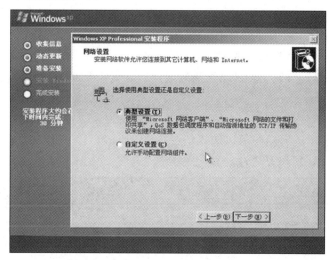

图 6.9 设置网络

在网络设置部分还需要选择计算机的工作组或者计算机域。对于普通的家庭用户来说，在这里直接单击"下一步"按钮就可以了。

以上即为 Windows XP 安装过程中需要设置的部分。之后，将进行 Windows XP 系统安装后的设置。

5. Windows XP 系统安装后的设置

经过系统安装前、安装过程中的设置之后，Windows XP 系统的安装部分就结束了，但还需要进行其他相关设置才可完成系统的安装。

(1) 调整屏幕分辨率。

在安装完成后，Windows XP 会自动调整屏幕的分辨率。在屏幕分辨率设置结束后，就可以看到如图 6.10 所示的 Windows XP 欢迎页面了。

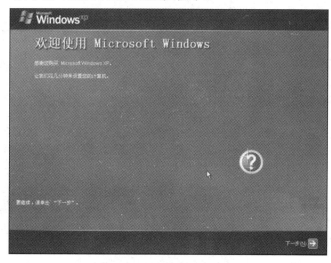

图 6.10 欢迎使用 Windows XP

(2) 设置自动保护。

Windows XP 具有较高的安全性，系统向用户提供了一个简单的网络防火墙以及系统自动更新功能，建议将"网络防火墙"和"自动更新"开启。

(3) 设置网络连接。

用户需要选择计算机与网络的连接方式，一般家庭用户选择"数字用户线(DSL)"即可，局域网用户可选择"局域网 LAN"。选择局域网后，就需要对 IP 地址以及 DNS 地址等项目进行配置。

(4) 与 Microsoft 注册。

在如图 6.11 所示的界面中可以选择是否在 Microsoft 上注册，这里所说的注册并不是 Windows XP 的激活，所以是否注册都无关紧要。

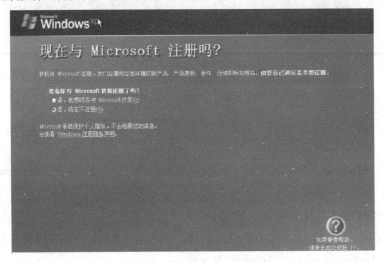

图 6.11　Microsoft 注册

创建完账号后，即可显示如图 6.12 所示的 Windows XP 系统的桌面。

图 6.12　Windows XP 桌面

至此，Windows XP 系统的安装已经完成，但完全纯净的系统并不能良好地运行，还需要进行驱动和软件的安装。

二、U 盘安装本机备份的 Windows XP 操作系统

　　U 盘安装本机备份的 Windows XP 系统的操作相对于光盘安装原版 Windows XP 系统的操作简单得多。首先要制作好 U 盘启动工具(详见项目四)，然后进入 BIOS，设置 U 盘为第一启动项(详见项目三)。系统安装步骤如下：

　　(1) 将本机备份的镜像文件放入已经制作好的 U 深度 U 盘启动盘中的"GHO"文件夹中，如图 6.13 所示。

图 6.13　镜像存放位置

　　(2) 使用快捷键进入 U 深度启动 U 盘 Win PE 系统。

　　当然，只有比较新的计算机 BIOS 支持快捷键启动，相对较旧的计算机只能进入 BIOS 设置。

　　文件复制完成后重新启动计算机，在出现开机启动画面时连续按下启动快捷键，进入启动项选择窗口，通过键盘上的方向键选择 U 盘，然后按下 Enter 键进入 U 深度 U 盘启动主菜单画面，如图 6.14 所示。不同类型以及不同品牌的计算机对应的启动快捷键各不相同，详见表 6.1。

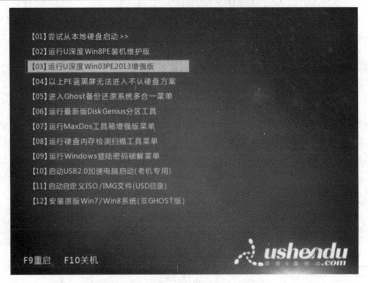

　【01】尝试从本地硬盘启动 >>
　【02】运行U深度Win8PE装机维护版
　【03】运行U深度Win03PE2013增强版
　【04】以上PE蓝屏黑屏无法进入不认硬盘方案
　【05】进入Ghost备份还原系统多合一菜单
　【06】运行最新版DiskGenius分区工具
　【07】运行MaxDos工具箱增强版菜单
　【08】运行硬盘内存检测扫描工具菜单
　【09】运行Windows登陆密码破解菜单
　【10】启动USB2.0加速电脑启动(老机专用)
　【11】启动自定义ISO/IMG文件(USD目录)
　【12】安装原版Win7/Win8系统(非GHOST版)

F9重启　F10关机

图 6.14　U深度 U 盘启动主菜单画面

表 6.1　计算机启动快捷键表

组装机主板		品牌笔记本		品牌台式机	
主板品牌	启动按键	笔记本品牌	启动按键	台式机品牌	启动按键
华硕主板	F8	联想笔记本	F12	联想台式机	F12
技嘉主板	F12	宏碁笔记本	F12	惠普台式机	F12
微星主板	F11	华硕笔记本	Esc	宏碁台式机	F12
映泰主板	F9	惠普笔记本	F9	戴尔台式机	Esc
梅捷主板	Esc 或 F12	联想 Thinkpad	F12	神舟台式机	F12
七彩虹主板	Esc 或 F11	戴尔笔记本	F12	华硕台式机	F8
华擎主板	F11	神舟笔记本	F12	方正台式机	F12
斯巴达克主板	Esc	东芝笔记本	F12	清华同方台式机	F12
昂达主板	F11	三星笔记本	F12	海尔台式机	F12
双敏主板	Esc	IBM 笔记本	F12	明基台式机	F8
翔升主板	F10	富士通笔记本	F12		
精英主板	Esc 或 F11	海尔笔记本	F12		
冠盟主板	F11 或 F12	方正笔记本	F12		
富士康主板	Esc 或 F12	清华同方笔记本	F12		
顶星主板	F11 或 F12	微星笔记本	F11		
铭瑄主板	Esc	明基笔记本	F9		
盈通主板	F8	技嘉笔记本	F12		

续表

组装机主板		品牌笔记本		品牌台式机	
主板品牌	启动按键	笔记本品牌	启动按键	台式机品牌	启动按键
捷波主板	Esc	Gateway 笔记本	F12		
Intel 主板	F12	eMachines 笔记本	F12		
杰微主板	Esc 或 F8	索尼笔记本	Esc		
致铭主板	F12	苹果笔记本	长按 "option" 键		
磐英主板	Esc				
磐正主板	Esc				
冠铭主板	F9				
其他机型请尝试或参考以上品牌常用的启动热键					

注意：在使用之前，需将制作好的 U 盘启动盘插入计算机的 USB 插口中，接着将计算机重新启动或者开启计算机，出现品牌 Logo 的开机画面时迅速按下启动快捷键方能成功。

(3) U 深度 U 盘启动主菜单选项。

进入 U 深度 U 盘启动主菜单画面后，选择 "【03】运行 U 深度 Win03PE2013 增强版" 选项，并按下 Enter 键进入到 U 深度 Win PE 系统。U 深度装机工具会在进入 Win PE 系统时自动打开，并检测出存放于 U 盘中的后缀为 "GHO" 的系统镜像文件，此时装机工具会自动从文件中提取出后缀为 "GHO" 的镜像文件，用户只需要在下方硬盘分区列表中选择所要安装到的硬盘分区位置，设置完成后单击 "确定" 按钮即可，如图 6.15 所示。

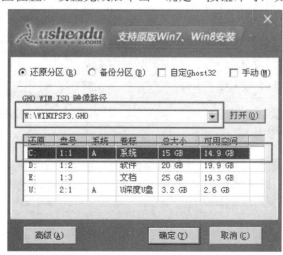

图 6.15　镜像系统选择

此时在弹出的提示窗口中，会提醒用户是否选择安装，如果选择安装，原 C 盘数据将会丢失，所以安装前需要把 C 盘有用的数据复制到其他盘符。单击 "是" 按钮可立即进入到 Ghost XP 系统的安装步骤，如图 6.16 所示。

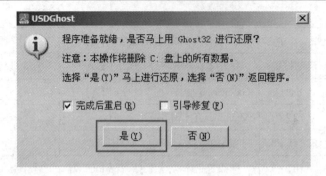

图 6.16　安装选择窗口

　　进行安装步骤时会出现如图 6.17 所示的窗口，表示装机工具正在将系统文件解压到之前所指定的硬盘分区当中，解压过程需要 1～3 min，快慢取决于镜像文件的大小和计算机的配置。解压过程结束时，在弹出的提示窗口中可单击"是"按钮重启计算机，计算机将进入 Ghost XP 系统的后续安装步骤，如图 6.17 所示。

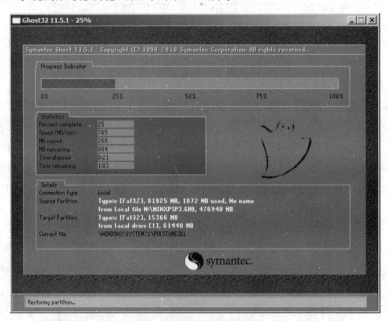

图 6.17　Ghost XP 系统安装

　　Ghost XP 系统安装的过程中，计算机将自动完成所有系统的安装步骤，直到重启计算机后进入系统桌面。以上即为 U 深度启动 U 盘安装本机备份的 Windows XP 系统的操作方法。

三、驱动程序安装

　　驱动程序实际上是一段能让各种硬件设备通话的程序代码，通过驱动程序操作系统才能控制硬件设备。如果一个硬件只依赖操作系统而没有驱动程序的话，这个硬件就不能发挥其特有的功效。换言之，驱动程序是硬件和系统之间的一座桥梁，由它把硬件本身的功能传达给系统，同时也将标准的操作系统指令转化成特殊的外设专用命令，从而保证硬件设备的正常工作。

如果系统没有显卡驱动，界面可能只有 256 色，分辨率、刷新频率都很低；如果系统没有声卡驱动，就会没有声音；如果系统没有网卡驱动，就无法联网。简单地说，需要安装驱动的硬件是依赖驱动而生存的，不装驱动光有硬件设备，也毫无意义。

一般的主板都集成声卡、网卡，有的也集成显卡，这些驱动都包含在主板驱动盘里，将驱动盘放入光驱后都会自动播放。如果无法自动播放，可以在"我的电脑"中的光驱盘符内找到驱动文件。一般标明"Inf"的文件夹为主板驱动，"Audio"或者"Sound"文件夹为声卡驱动，"Vga"文件夹为显卡驱动，"Usb"文件夹为 USB 驱动，"Lan"文件夹为网卡驱动，"Sata"文件夹为 Sata 接口驱动(针对 SATA 硬盘而言)，"Amd"文件夹为 AMD、Athlon、控制器驱动(该驱动一般无须安装)。通常安装主板、显卡驱动后须重启，安装其他的声卡、网卡、USB 驱动则无须重启。

1. 驱动安装方法

(1) 光盘安装。设备附送有驱动光盘的，可以用光盘安装。

(2) 没有附送光盘，附送的驱动光盘丢失或损坏的，可以网上搜索或者到官网下载对应的驱动进行安装。

(3) 借用专业工具，如利用鲁大师、金山重装高手、驱动精灵、驱动人生等软件进行安装。

2. 光盘安装驱动方式

驱动安装方法中的第二、第三种方式比较简单，下面详细讲解光盘安装方式。

(1) 查看缺少驱动。

操作系统安装完成后，在"我的电脑"右键选择"属性"，进入"设备管理器"查看驱动安装情况。未安装相关驱动程序的界面如图 6.18～图 6.21 所示。

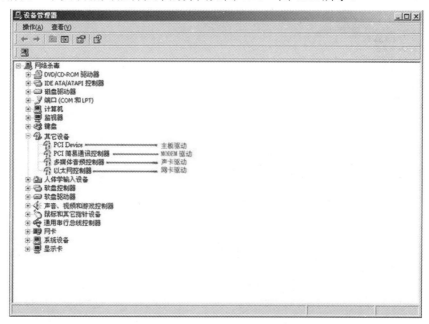

图 6.18　Windows 2000 的主板、声卡、网卡、USB、MODEM 驱动未安装

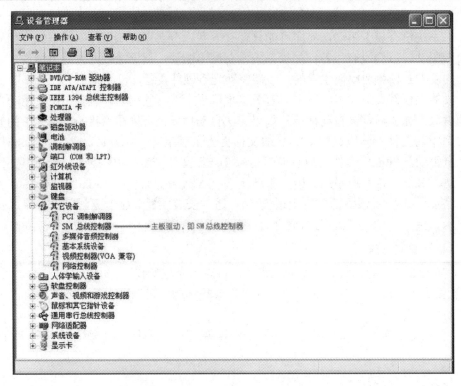

图 6.19 Windows XP 的主板驱动未安装

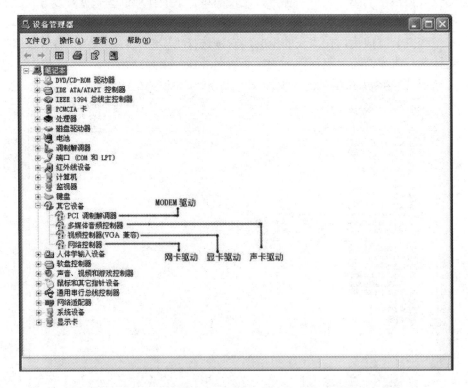

图 6.20 Windows XP 的声卡、网卡、显卡、MODEM 驱动未安装

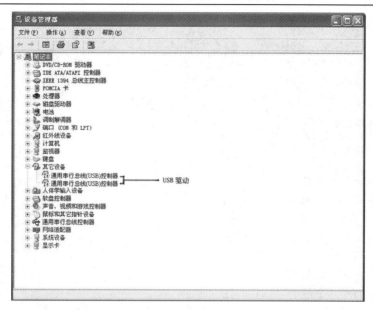

图 6.21　Windows XP 的 USB 驱动未安装

以上为驱动未安装或者安装不全的显示界面，常见于较旧的计算机中。新计算机驱动集成度高，相对于旧计算机的驱动安装方法简单易学。

(2) 升技 K8pro 主板驱动安装。

下面以升技 K8pro 主板为例，介绍声卡、网卡、USB 驱动的安装方法。因为该主板集成声卡、网卡，所以这些驱动都包含在主板驱动盘中，将主板驱动盘放入光驱，系统将自动播放，如图 6.22 所示。

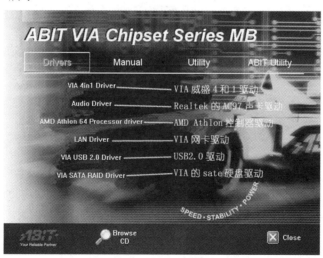

图 6.22　光盘安装启动自动播放界面

在驱动安装界面中，选择所要安装的驱动即可。例如要安装 USB 驱动，选择"VIA USB 2.0 Driver"选项，出现如图 6.23 所示的界面。继续单击"Next"按钮，直至安装完毕后，单击"完成"按钮，即可完成驱动的安装。声卡、显卡、网卡等驱动的安装方法与 USB 驱动的安装方法相同。

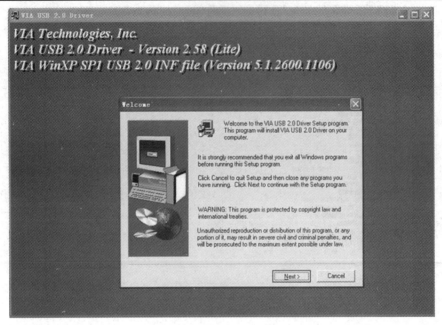

图 6.23 USB 驱动安装

　　如果光盘无法自动播放，打开"我的电脑"，右键光驱盘符，选择"打开"选项，如图6.24 所示。

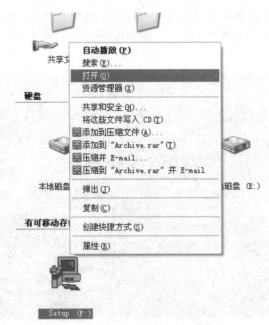

图 6.24 驱动光盘无法播放

　　在光驱盘符中找到一个名为"Drivers"的文件夹，其中存放着安装所需的各个驱动文件，比如声卡、网卡、主板等。

　　单击进入"Drivers"文件夹，查看其中的文件，可以看到各种驱动程序，如图 6.25所示。

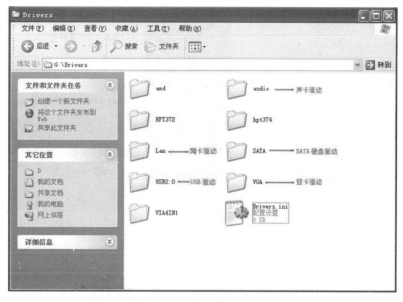

图 6.25　驱动文件

以声卡驱动安装为例，打开"audio"文件夹，再打开"Realtek"文件夹，如图 6.26所示。

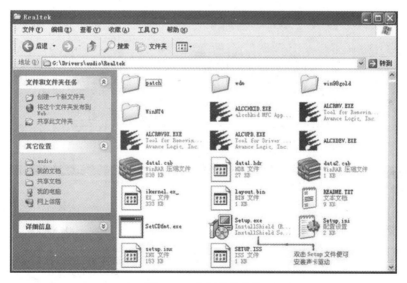

图 6.26　声卡驱动安装

双击"Realtek"文件夹中的"Setup.exe"文件图标，一直单击"下一步"按钮直到安装完成后，重启计算机即可完成声卡驱动的安装。显卡、网卡的安装方法与其相似。但 USB驱动安装有所不同，需要打开"我的电脑"，在空白处右键选择"属性"，进入"设备管理器"，双击通用串行总线控制器，出现如图 6.27 所示的"USB Root Hub 属性"对话框，选择"驱动程序"选项卡后，单击"更新驱动程序"按钮。

然后选中"从列表或指定位置安装(高级)"单选按钮，单击"下一步"按钮，如图 6.28所示。

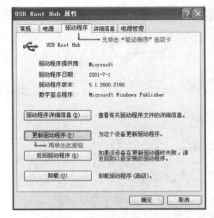

图 6.27　USB 驱动安装

图 6.28　USB 驱动安装向导

选中"在搜索中包括这个位置"复选框，单击"浏览"按钮，选择安装文件的路径，如图 6.29、图 6.30 所示。

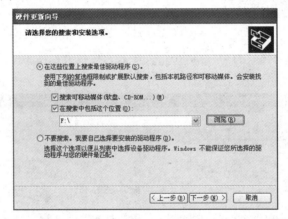

图 6.29　搜索安装选项

(a) 驱动文件夹选择

(b) 操作系统对应驱动选择

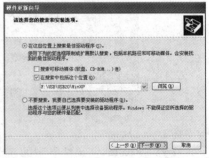

(c) 驱动安装

图 6.30　USB 驱动程序位置选择

最后，单击图 6.30 所示页面中的"下一步"按钮，即可完成 USB 驱动程序的安装。

(3) 微星主板驱动安装。

以微星主板驱动安装为例，介绍声卡、显卡驱动程序的安装。放入安装盘，自动播放显示如图 6.31 所示的界面。单击"VIA AC97 PCI Sound Drivers"选项安装声卡驱动；单击

"Inter 845G/GL VGA Drivers"选项安装显卡驱动；单击"浏览光盘"按钮，可以查看光盘文件的内容，如图 6.32 所示。

图 6.31 微星主板光盘驱动自动播放界面

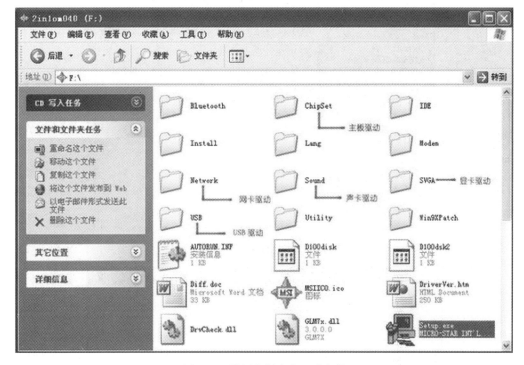

图 6.32 微星主板光盘驱动文件

(4) 七彩虹独立显卡驱动安装。

以七彩虹 GF5200 为例，介绍独立显卡驱动的识别与安装。放入启动光盘，系统会自动进行播放，打开光盘中的"nVidia"文件夹，选择版本最高的驱动，双击"setup.exe"文件即可开始安装，如图 6.33～图 6.36 所示。

图 6.33　七彩虹驱动光盘自动播放界面

图 6.34　七彩虹驱动光盘文件

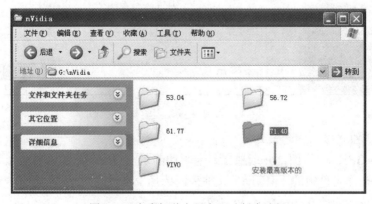

图 6.35　七彩虹独立显卡驱动版本选择

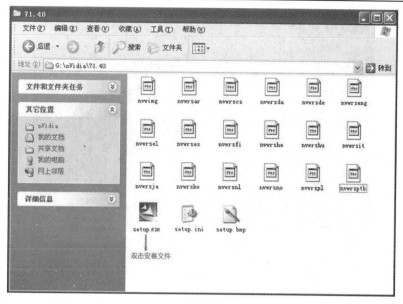

图 6.36　七彩虹独立显卡驱动程序安装

注意：如果打开光盘盘符进行安装，需要考虑操作系统及操作系统的位数，如果操作系统是 Windows XP，则需打开 Windows XP 文件夹里的驱动进行安装；如果操作系统是 Windows 7 的 64 位系统，则应打开 Windows 7 中 64 位的文件夹；如果是 Windows 8 系统，则需打开 Windows 8 的文件夹，双击其中的"setup.exe 文件"进行安装即可。

如果光盘带自动播放功能，最好按自动播放里的驱动进行安装，操作简单；而打开盘符里的驱动安装是在光盘本身不带自动播放的情况下进行的操作。

任务 3　安装 Windows 7 操作系统

Windows 7 操作系统可用 Windows 7 USB/DVD Download Tool 工具软件制作的启动盘进行安装。建议安装前，备份好重要的资料，因为安装时会丢失 C 盘资料。如安装时需重新分区，则应备份好所有硬盘分区里的资料，因为重新分区会丢失所有硬盘的资料。原版光盘是不带任何驱动软件的，安装完成后没有网卡驱动会导致不能正常上网。所以安装系统前最好找到本机的 Windows 7 驱动盘或到官网下载好驱动软件包，以便在安装系统后能使计算机正常联网使用。如果采用 64 位 Windows 7 安装盘，安装后所有应用软件必须下载 64 位版本的，32 位版本的驱动不能在 64 位系统上运行。

(1) 首先用 Windows 7 USB/DVD Download Tool 工具制作启动盘，然后进入 BIOS 启动项将第一启动项设为 U 盘启动。设置完毕后，插上启动 U 盘重新启动计算机，系统会自动进入启动 U 盘，屏幕显示 U 盘加载界面，如图 6.37 所示。

(2) U 盘启动加载成功后会出现如图 6.38 所示的界面，选择语言种类、时间格式及输入法。

设置完毕后单击"下一步"按钮，即可出现安装界面，如图 6.39 所示。

图 6.37　启动 U 盘加载

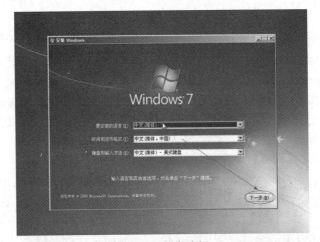

图 6.38　语言选择

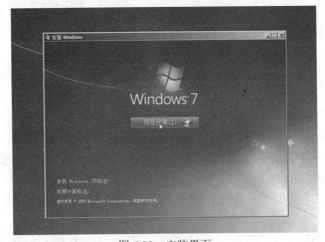

图 6.39　安装界面

(3) 在安装界面下，单击"现在安装"按钮，进入许可条款界面，选择"我接受许可条款"复选框，如图 6.40 所示。

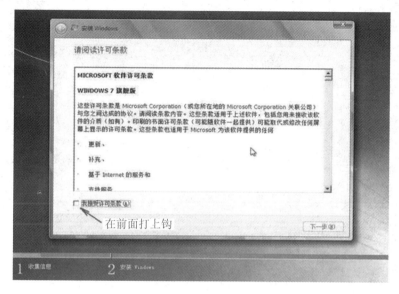

图 6.40　许可条款同意

(4) 选择后单击"下一步"按钮，进入安装类型选择界面，选择"自定义：仅安装Windows(高级)(C)"选项，如图 6.41 所示。

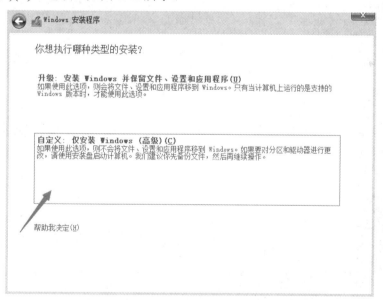

图 6.41　安装类型选择

(5) 选择安装类型后，会出现安装位置选择界面。如果有两个硬盘，选择"磁盘 0"，确认后进入分区选择界面，选择安装在分区 1 即 C 盘，如图 6.42 所示。C 盘一般应在 25 GB以上，建议设定为 100 GB。

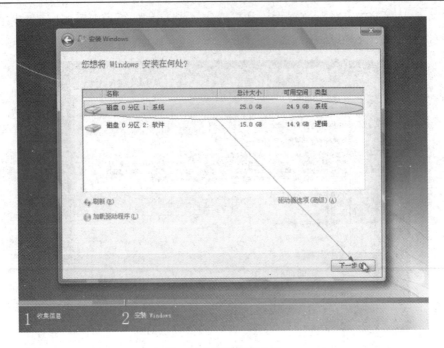

图 6.42　安装分区选择

(6) 分区选择后单击"下一步"按钮，开始安装系统，如图 6.43 所示。

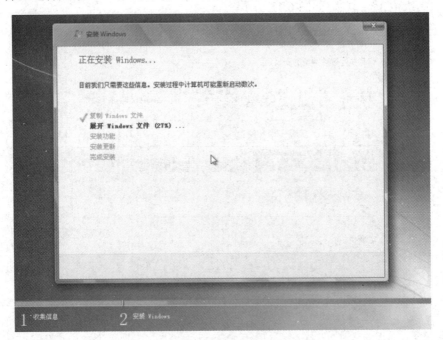

图 6.43　系统安装

　　(7) 安装过程较慢，一般需要 30 min 左右，中途会提示用户输入产品密钥。如果有正版序列号可以输入；如果没有，直接单击"下一步"按钮，在系统安装完成后可再进行激活。安装成功后，计算机需要重新启动，如图 6.44 所示。

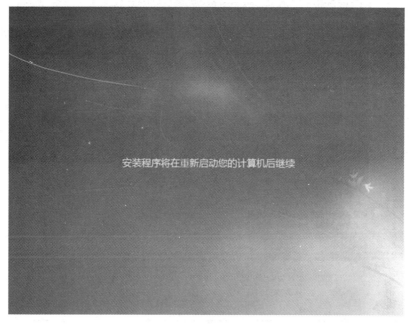

图 6.44　安装完成重启界面

(8) 系统安装完成重启后，会出现如图 6.45 所示的对话框，在相应的编辑框中输入用户名、计算机名(计算机在局域网中的名称，如图 6.45 所示)，然后单击"下一步"按钮创建账户密码，如图 6.46 所示。密码可以用字母或用户的姓名拼音设置，也可以直接单击"下一步"按钮跳过，如果设置了密码，每次开机只有输入密码后才能进入系统。

图 6.45　输入用户名和计算机名

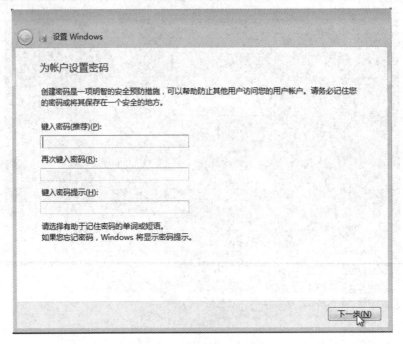

图 6.46　账户密码设置

(9) 设置完账户及密码后，在出现的 Windows 产品密钥输入界面输入密钥，如图 6.47 所示。

(10) 完成密钥输入后单击"下一步"按钮，进入"设置 Windows"界面，建议选择"使用推荐设置"选项，如图 6.48 所示。

图 6.47　输入产品密钥

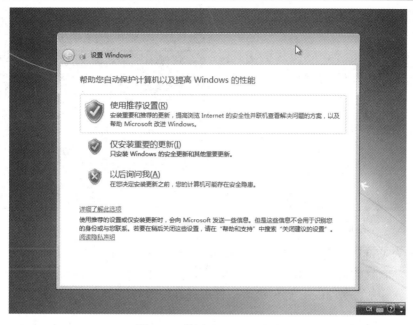

图 6.48　设置 Windows 界面

(11) 在出现的界面中设置系统时区、当前日期和时间等信息，如图 6.49 所示。建议保持默认设置，单击"下一步"按钮。

(12) 在出现如图 6.50 所示的对话框中，根据计算机所处的实际环境选择相应的选项，本处单击"工作网络"选项。选择"家庭网络"或"工作网络"选项时，Windows 7 会自动设置网络，以便同局域网中的其他计算机进行信息交流；选择"公用网络"选项时，陌生的计算机便无法轻易地访问本机，可有效确保计算机的网络安全。

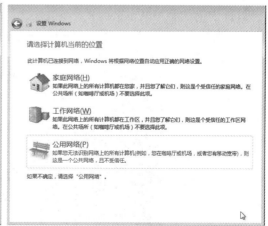

图 6.49　设置系统时区和当前日期等信息　　　　　图 6.50　设置网络环境

(13) 设置完毕后，会进入"Windows 7 旗舰版"界面，显示"Windows 正在完成您的设置"，如图 6.51 所示。系统配置完成后，会出现"Windows 7 欢迎"界面，之后便可进入 Windows 7 系统，如图 6.52 所示。

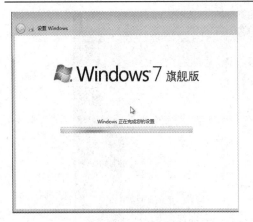

图 6.51　正在完成设置界面

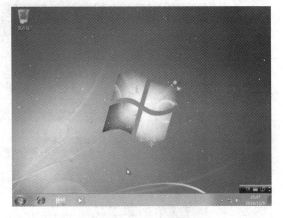

图 6.52　Windows 7 桌面

以上即为 Windows 7 USB/DVD Download Tool 启动盘安装原版 Windows 7 操作系统的步骤。通常，原版系统的驱动不全，没有集成网卡驱动，所以应先安装好网卡驱动(具体操作详见项目六中的任务 2)，之后便可对软件进行升级等操作了。

任务 4　安装 Windows 8 操作系统

原版 Windows 8 操作系统安装方法与原版、Ghost 版 Windows 7 安装方法相同，只是镜像不同。下面介绍用 U 启动 U 盘启动工具安装原版 Windows 8 操作系统的方法。

首先，使用 U 启动 U 盘启动盘制作工具制作启动 U 盘，具体步骤可参考项目四。然后准备一个原版 Windows 8 系统镜像文件，并存入制作好的 U 启动 U 盘启动盘。最后，将硬盘模式设置为 AHCI 模式后，按照以下步骤操作。

(1) 把存有原版 Windows 8 系统镜像文件的 U 启动 U 盘启动盘插在计算机 USB 接口上，重启计算机，在出现开机画面时用快捷键启动进入 U 启动主菜单界面，选择"【02】运行 U 启动 Win8PE 防蓝屏版(新电脑)"选项，按 Enter 键确认选择，如图 6.53 所示。

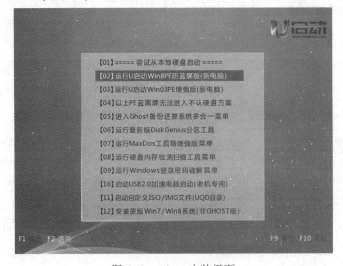

图 6.53　Ghost 安装界面

(2) 进入 U 启动 Windows 8 PE 系统后，U 启动 PE 装机工具会自动打开，单击"浏览"
按钮，如图 6.54 所示。

图 6.54　U 启动 PE 装机工具

(3) 在弹出的窗口中，找到并选择存储在制作好的 U 启动 U 盘中的原版 Windows 8 系
统镜像文件，再单击"打开"按钮，如图 6.55 所示。

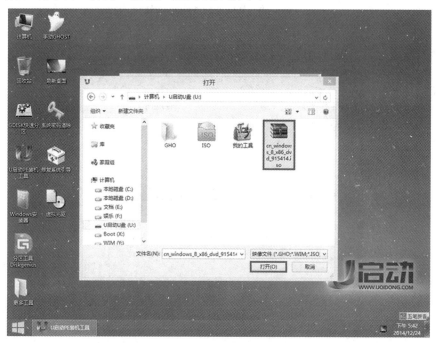

图 6.55　Windows 8 镜像选择

(4) 在展开的下拉菜单中，可以看到两个 Windows 8 版本的选项，建议选择专业版，
如图 6.56 所示。

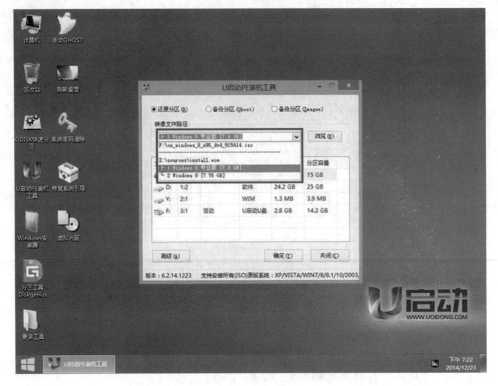

图 6.56　Windows 8 版本选择

(5) 安装硬盘及分区选择。系统一般安装在第一个硬盘的第一个分区内。单击选择 C 盘为系统安装盘，再单击"确定"按钮，如图 6.57 所示。

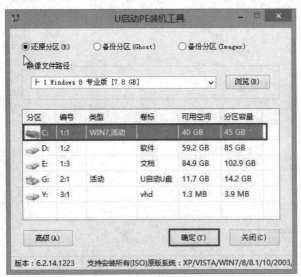

图 6.57　安装盘符选择

(6) 安装盘符格式化方式选择。建议选择"NTFS"，添加引导建议用"推荐"方式。最后单击"确定"按钮执行，如图 6.58 所示。

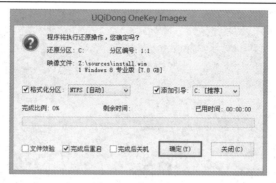

图 6.58 执行确认

(7) 确认执行后，装机工具会将系统镜像文件释放到所选的磁盘分区，一般需要几分钟，耐心等待直到释放结束，如图 6.59 所示。

(8) 释放结束后，软件会弹出一个重新启动计算机的提示窗口，单击"是"按钮，确认重启计算机，或者等待 10 s 后自动重启计算机，如图 6.60 所示。

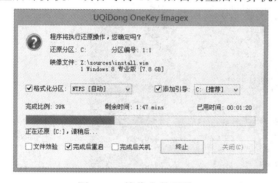

图 6.59 镜像文件释放

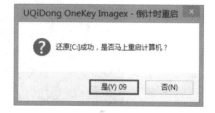

图 6.60 重启计算机窗口

(9) 计算机重启后，等待原版 Windows 8 系统程序开始自动安装，如图 6.61 所示。

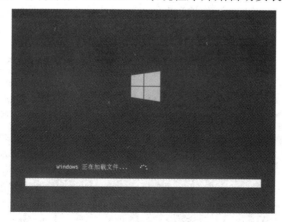

图 6.61 系统安装文件加载

(10) 系统安装文件加载成功后，会出现个性化用户设置窗口，如图 6.62 所示，输入计算机名称，单击"下一步"按钮。在设置窗口中推荐选择"使用快速设置"，如图 6.63 所示。

图 6.62　计算机名称设置

图 6.63　快速设置过渡窗口

　　(11) Microsoft 账户设置。在弹出的对话框中设置 Microsoft 账户，该账户即为微软的 live、outlook 邮箱账户，若无需要可不必填写。单击左下角的"创建一个新账户"按钮，在弹出的对话框中选择"不使用 Microsoft 账户登陆"选项，如图 6.64(a)、图 6.64(b)所示。

(a) 微软账户登录界面　　　　　　　　　　(b) 微软账户创建界面

图 6.64　Microsoft 账户设置

　　(12) 本地账户创建。完成 Microsoft 账户设置后，单击"下一步"按钮，弹出本地账户设置窗口，如图 6.65 所示。设置用户名和密码后单击"完成"按钮，账号自动设置成功，Windows 8 系统安装完毕，即可使用，如图 6.66 所示。

图 6.65 本地账户创建

图 6.66 Windows 8 系统安装完成

任务 5 安装 Windows 10 操作系统

原版、Ghost 版 Windows 10 操作系统的安装方法与 Windows 7 原版、Ghost 版的安装方法相同，只是镜像不同。下面以微星 GT75VR 笔记本电脑为例介绍用老毛桃 U 盘启动工具安装 Windows 10 操作系统与 Windows 下在线安装的两种方法。

一、U 盘安装方法

首先，使用老毛桃制作工具制作好启动 U 盘，参考项目四。然后，准备一个原版或 Ghost Windows 10 系统镜像文件，并存入制作好的 U 盘启动盘。最后，设置硬盘模式为 AHCI 模式后，按照下面的步骤执行。

(1) 查询 U 盘启动的快捷键，机型不同快捷键也有所不同，这里需要注意。

(2) 把存有原版或 Ghost Windows 10 系统镜像文件的老毛桃 U 盘启动盘插在计算机 USB 接口上，然后重启计算机，出现画面时按下 U 盘启动快捷键，在弹出的窗口中选择 U

盘作为开机第一选项，再按 Enter 键确认，如图 6.67 所示。

(3) 进入老毛桃主菜单界面，选择"【1】启动 Win10X64PE(2G 以上内存)"选项，再按 Enter 键确认。

(4) 进入到老毛桃 PE 桌面后，打开老毛桃一键重装，选择安装系统并找到 U 盘或其他 硬盘里面的系统镜像，选择目标盘符(一般是 C 盘)，单击"执行"按钮，如图 6.68 所示。

图 6.67　U 盘启动盘选择　　　　　　　　图 6.68　U 启动 PE 装机工具

(5) 在弹出的窗口中，会提示老毛桃一键还原，选择相应的复选框后单击"是"按钮，如图 6.69 所示。

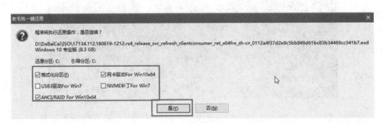

图 6.69　一键还原勾选

(6) 系统正在安装，完成后需要重启笔记本进入第二阶段的安装，如图 6.70 所示。

(7) 成功进入 Windows 10 系统桌面，如图 6.71 所示。

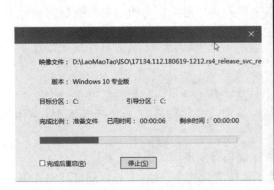

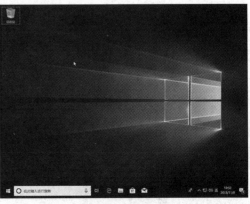

图 6.70　系统安装过程　　　　　　　　图 6.71　安装完成

二、在线安装

如果读者对什么是操作系统镜像不明白，老毛桃提供了更便捷的系统安装方法，首先需要下载老毛桃安装工具，安装到计算机 C 盘(当然这需要在笔记本处于联网状态下方可进行)，再安装系统。安装步骤如下。

(1) 运行计算机上的老毛桃一键重装工具，在选择操作一栏单击"系统下载"按钮，如图 6.72 所示。

(2) 在在线下载窗口中选择所需要下载的系统版本。在这里，同一个系统，老毛桃为我们提供多个不同的版本，用户可根据自身需求进行选择，选择后单击"下一步"按钮，如图 6.73 所示。

图 6.72　系统下载界面　　　　　　　　　　图 6.73　系统选择

(3) 等待系统在线下载，这里需要一段时间，应耐心等候。下载完成之后单击"立即安装"按钮即可，如图 6.74 所示。

(4) 在安装中会弹出提示框，选择后单击"是"按钮，进行分区引导，如图 6.75 所示。

图 6.74　系统在线下载　　　　　　　　　　图 6.75　分区引导

(5) 分区引导结束后，自动进入系统安装，直到安装完成。完成后需要重启笔记本进入第二阶段的安装，其界面与 U 盘安装的界面相同，重装完成后的界面如图 6.76 所示。

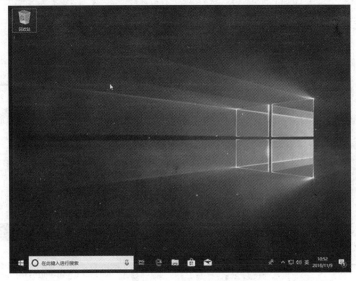

图 6.76　重装完成

 思考题

(1) 主流操作系统安装方法有几种？

(2) 选择一种系统安装方法重装自己笔记本电脑的系统。

(3) 系统装好后如何备份？系统长期使用导致计算机运行变慢该如何还原？

项目七　计算机软硬件的保养与维护

任务 1　计算机硬件的保养与故障判断

一、计算机硬件的保养

1．使用环境对硬件的影响

为计算机创造一个良好、合理的使用环境，既可以保障计算机硬件系统稳定、可靠的运行，又有助于延长计算机硬件系统的寿命。计算机硬件的使用环境涉及的因素较多，主要包括环境温度、环境湿度、环境洁净度、电源供应的稳定性和外围震动等。

1）环境温度对硬件的影响

环境温度过高或过低，都可能是导致计算机故障，甚至是部件损坏的原因之一。计算机硬件在工作状态下均会产生热量，CPU 和独立显卡发热量相对较大。当环境温度较高，热量无法散发，超过了计算机硬件对工作温度要求的上限时，一方面会加速部件的老化，缩短其使用寿命；另一方面会造成计算机硬件工作效率降低，工作不稳定，甚至损坏部件。CPU 和独立显卡通过温度传感器检测到工作温度超过上限后，会启动自身的保护机制，降低工作频率，减少发热量。如果工作温度居高不下，有些部件特别是电子部件，会因热不稳定产生一些数据错误，极容易造成计算机系统随机性死机，影响计算机系统正常工作。如果高温环境长期持续下去，部分计算机部件会因高温造成不可逆的损坏。环境温度过低也会对计算机硬件的正常工作造成不良影响。

计算机硬件除了电子部件外，还有一些部件主要是由机械结构组成，如硬盘和光驱。硬盘的工作过程，简单来说，就是在磁头臂上的磁头通过音圈马达的转动在高速旋转的磁盘上存取数据的过程，如图 7.1 所示。

硬盘内包括两种马达：一种是主轴马达，硬盘磁盘的高速转动就是靠它来实现的；另一种是音圈马达，磁头臂的移动幅度很小，但是对位移的精度要求很高，音圈马达可以实现这种要求。如果环境温度低于硬盘工作温度的下限，有可能造成主轴马达的转速达不到正常工作时的额定转速，或者音圈马达工作不灵活，位移精度降低。这都会造成硬盘无法正确读取磁盘上的数据，使系统无法正常启动。在气温特别低的时候启动计算机，有可能开始几次都不能正常启动，但是让计算机通电一段时间后，计算机自身的发热使温度升高到硬盘正常工作的温度范围内，计算机即可正常工作。

空气过滤片

主轴(马达电机与
轴承在其下方)

音圈马达

永磁铁

磁盘

磁头

磁头臂

图 7.1 机械硬盘内部结构

2) 环境湿度对硬件的影响

同环境温度对计算机硬件的影响类似，环境湿度过高或者过低也会对硬件运行时的稳定性、可靠性和使用寿命产生不利影响，甚至造成部件损坏。一般来说，当环境湿度高于60%时，通常认为空气是相对潮湿的；当环境湿度低于 40%时，通常认为空气是相对干燥的。当相对湿度高于 65%时，会在部件表面附着很薄的一层水膜，容易造成部件外露的引脚、插头或者接线间漏电，情况严重时甚至可能会产生电弧现象。当水膜中含有杂质且附着在引脚、插头或者接线处的表面时，会造成这些表面发霉或者产生腐蚀现象。在高湿度的环境下，打印纸会吸潮膨胀，纸张之间产生粘连，从而影响打印机的正常工作。当相对湿度低于 20%时，空气十分干燥，在这种情况下极易产生高压静电。如果不小心诱发了静电的放电现象，轻者会造成系统工作不稳定，重者则会击穿芯片损坏部件或设备。

3) 环境洁净度对硬件的影响

洁净度指空气中含尘(包括微生物)量的程度。空气中或多或少都含有灰尘，灰尘对计算机硬件的影响很大，而且在灰尘和环境湿度的共同作用下，会放大对计算机硬件的危害。一方面，含有灰尘的潮湿空气会腐蚀外露的金属表面；另一方面，干燥的空气本身就会聚集静电，静电又有吸附灰尘的作用，当吸附的灰尘达到一定程度时，又会促进静电放电现象，造成恶性循环，进一步损坏硬件。所以灰尘被称为硬件的天敌(如图 7.2 所示)。

图 7.2 机箱内聚集的灰尘

4) 电源供应的稳定性对硬件的影响

由于计算机使用的是直流电，而市电电网提供的是交流电，中间所涉及的电流及电压的转换过程都要靠计算机电源来承担，其重要性不言而喻。质量过硬的电源在市电电压不稳定时，能为计算机提供稳定的直流输出。可能有些用户有过这样的经历：在大城市上班使用计算机，由于市电电压相对稳定，因此计算机电源不用承受由于电压波动过大带来的负担；当出差到一些小城市甚至是农村时，由于这些地方的电网电压不够稳定，好的电源此时就承担了稳定电压高低变化的重任，使电压电流平稳输出，以避免计算机硬件受到损伤。特别在下雨天打雷多的南方地区，品质不好的电源会给计算机带来致命的伤害。

5) 外围震动对硬件的影响

震动对计算机的正常工作也是有影响的。计算机硬件系统是由不同的部件组装在一起的，插座、插头、接线连接的接口本身就是可插拔的，虽然有固定措施，但遇到较大震动后依然会产生松动，久而久之使部件间接触不良，影响计算机系统的正常工作和稳定运行。另外，机械硬盘也是对震动十分敏感的部件。虽然机械硬盘在设计之初就考虑到了震动对自身的影响，采用了抗震技术，工作状态能达到 300 G 抗震，非工作状态接近 1000 G 抗震，但是，无论采用何种抗震技术，对长时间高频率的震动都是无能为力的。当硬盘磁头撞上高速旋转的磁盘时，会产生划痕造成坏道，撞击产生的碎屑也会在硬盘内乱飞，造成更多的碰撞坏道，这对硬盘来说是致命的损伤。

2．良好的保养措施

1) 稳定的温度

无论计算机处于工作或是休眠状态，都应给计算机硬件提供一个相对稳定的温度范围。当环境温度高于 30℃时，应当开启空调降温；当环境温度低于 10℃时，应采取适当的保温措施。

2) 合适的湿度

控制好空气湿度。保持空气湿度在 50%左右，可以抑制静电的产生和灰尘的吸附。

3) 环境卫生

保持环境卫生，时常对机箱内部除尘。

4) 质量过硬的电源

除了装配质量较好的电源外，如果有条件可以在市电和电源间安装 UPS。

5) 稳固的位置

将计算机安放在稳固的地方，避免其受到撞击。

二、硬件故障判断及解决方法

1．故障判断方法

首先，思考清楚做什么、怎么做、从何处入手，再实际动手；或者是先观察后分析判断，再进行维修。其次，将所观察到的现象与查阅的相关资料有机结合，分析有无相应的技术要求、使用特点等，结合资料综合分析得出结论。最后，在分析判断的过程中，要根据自身已有的知识、经验来进行判断，对于自己不太了解或根本不了解的知识，一定要向经验丰富的人员或专业人士寻求帮助。

1) 直接观察法

用手摸、眼看、鼻闻、耳听等方法作辅助检查。对于一般部件，发热的正常温度(指部件外壳的温度)用手指摸上去会有一点热度。大的部件摸上去会有明显的热度，但不烫手。如果手指触摸部件烫手，可能是机器内部有短路或是散热功能减退所造成的，应替换该部件或是更换散热装置。对于电路板，要仔细查看是否有断线、虚焊或者残留焊锡、杂物等。对发焦或者开裂的元件应该立即更换。一般情况下，芯片烧坏时会发出一种臭味，此时应马上关机检查，不应再加电使用。耳听即是听计算机有无异常声音，特别是有机械转动的部件更应该仔细聆听，如硬盘、光驱、风扇等。如果听到与正常声音不同，则应立即检修。例如硬盘加电启动后有比较响的连续的"咔嗒"声，则说明硬盘有故障。当系统在开机出现非致命错误时，计算机自检程序会通过喇叭发出不同的警示音，有助于用户找到问题所在部位。很多时候故障就是相关部件引起的，所以也要多注意检查相关部件。不同类型的BIOS 有不同的警示音。

2）插拔法

硬件系统产生故障的原因很多，主板自身故障、I/O 总线故障、各种插接部件故障均可导致系统运行异常。采用插拔维修法是确定故障位于主板或 I/O 设备的便捷方法。关机后将插接部件逐一拔出，每拔出一块部件后开机观察硬件系统的运行状态。一旦拔出某块部件后系统运行正常了，就可判定该部件故障或相应 I/O 总线插槽及负载电路故障；如果拔出所有插接部件后系统启动仍不正常，则故障很可能在主板上。一些芯片、部件与插槽接触不良，将这些芯片、部件拔出后再重新正确插入也可以解决因不当安装而引起的软故障，如内存条故障。

3）替换法

替换法也是排除故障最常用的方法之一。在不能使用插拔法查找故障时，可以采用替换法来排查。此方法是用工作正常的部件替换可疑的部件，若故障消失，则说明原部件损坏。替换法的优点是方便可靠，尤其是针对高度集成的部件；缺点是一般用户很难有备用件，所以维修部门经常采用此方法。

4）敲击法

系统运行状态时好时坏的原因可能包括虚焊、接触不良、金属氧化电阻增大等。对于这种情况可以用敲击法进行检查。例如，若部件引脚焊接有误，有时能接触上，有时接触不上，造成系统运行状态时好时坏，通过敲击部件后，使之彻底接触不良，便于检查排除。

5）最小系统法

最小系统是指从维修判断的角度能使计算机开机或运行的最基本的硬件环境。最小系统由电源、主板和 CPU 组成。在最小系统中，没有任何插接部件和外部设备，只有电源主板的连接电线。在检查过程中可通过计算机喇叭发出的声音来判断这一核心组成部分是否正常工作。如果能正常工作，则继续安装其他插接部件，如显卡等，直到安装某个部件后系统不能正常工作，说明刚安装的部件损坏，应进行深度检查。

6）清洁法

对于使用环境较差或使用较长时间的计算机，应首先进行清洁。可用毛刷轻轻刷去主板、插接部件和外设上的灰尘。如果灰尘已清扫干净，可进行下一步的检查。另外，由于主板上一些插接部件或芯片采用插槽的方式连接，震动、灰尘等其他原因常会造成引脚氧化、接触不良。可用橡皮擦去除表面的氧化层，如用专业的清洁剂效果更好。清洁完成后，重新插接好部件，开机检查故障是否排除。

2．常见故障及解决方法

1）主板报警音判断故障

当硬件系统发生故障时，计算机喇叭会发出 BIOS 的错误提示声音，如果熟悉这些声音的缘由，那么在排除计算机故障时就会非常方便，能够在最短的时间判断问题所在，从而及时解决问题。

目前市场上主要的 BIOS 有 Award BIOS 和 AMI BIOS。

(1) Award BIOS 响铃声的一般含义：

① 1 短：系统正常启动。这是日常开机都能听到的声音，表明机器没有任何问题。

② 2 短：常规错误。需进入 CMOS Setup，重新设置不正确的选项。

③ 1 长 1 短：RAM 或主板出错。可更换内存条，若还是无法解决，需更换主板。

④ 1 长 2 短：显示器或显示卡错误。

⑤ 1 长 3 短：键盘控制器错误。需检查主板。

⑥ 1 长 9 短：主板 Flash RAM 或 EPROM 错误，BIOS 损坏。可尝试更换 Flash RAM。

⑦ 不断地响(长声)：内存条未插紧或损坏。重插内存条，若还是无法解决，需更换内存条。

⑧ 不停地响：电源、显示器未与显示卡连接好。需检查所有的插头。

⑨ 重复短响：电源问题。

⑩ 无声音、无显示：电源问题。

(2) AMI BIOS 响铃声的一般含义：

① 1 短：内存刷新失败。内存损坏较严重，须更换内存条。

② 2 短：内存奇偶校验错误。可以进入 CMOS 设置，将内存奇偶校验选项关闭，即设置为 Disabled。不过一般来说，内存条有奇偶校验并且在 CMOS 设置中打开奇偶校验，这对计算机系统的稳定性是有好处的。

③ 3 短：系统基本内存(第 1 个 64 KB 内存)检查失败。需更换内存。

④ 4 短：系统时钟出错。需维修或更换主板。

⑤ 5 短：CPU 错误。除检查 CPU 外，还应排查 CPU 插座或其他部位的问题，如果此CPU 在其他主板上正常工作，则故障肯定在主板上。

(3) 具体情况分析。

① "嘀嘀…"连续的短音。

一般情况下常见于主机的电源故障。当电源输出电压偏低时，主机并不报警，但是会出现硬盘丢失、光驱的读盘性能差、经常死机的情况。当出现这些情况时，最好检查各路电压的输出是否偏低。当 +5 V 和 +12 V 低于 10% 时，就会不定期地出现上述问题。用户经常会将这些故障误以为是主板或硬盘的问题。输出电压偏低是由于输出部分的滤波电容失容或漏液造成的，直流成分降低时，电源中的高频交流成分加大，会干扰主板的正常工作，造成系统不稳定，容易出现死机或蓝屏现象。在 Intel 和技嘉的某类主板上，如果系统出现"嘀嘀…"连续短鸣声，并不代表电源故障，而是内存故障报警，这一点需要注意。

② "呜啦呜啦"的救护车鸣笛声，伴随着开机长响不停。

这是 CPU 过热的系统报警声。对主机内部除尘、打扫 CPU 散热器或是更换新的 CPU风扇后安装不到位，CPU 散热器与 CPU 接触不牢，有一定的空间或其间夹有杂物，都会导致 CPU 发出的热量无法正常散出，一旦开机，CPU 温度会高达 80～90℃。

③ "嘀…嘀…"的连续有间隔的长音。

这是内存报警的声音。一般的故障原因包括内存松动、内存的金手指与内存插槽接触不良、内存的金手指氧化、内存的某个芯片损坏等。

④ "嘀…，嘀嘀"一长两短的连续鸣叫。

这是显卡报警音。一般是由于显卡松动、显卡损坏，或者主板的显卡供电部分有故障造成的。

⑤ "嘟嘟"两声长音后没有动静，稍后会听到"咯吱咯吱"的读软驱的声音。

如果有图像显示会提示系统将从软驱启动，正在读取软盘。如果软驱中没有软盘，则会提示没有系统无法启动，系统会被挂起。

⑥ 在 Windows 系统下按 "Caps Lock"、"Num Lock" 和 "Scroll Lock" 这三个键时，主机的喇叭有 "嘀" 的类似按键音。例如三帝的 PV40ML，这种情况是主板的一种提示功能，提示用户改变了键盘的输入状态，不是故障。

⑦ 短促 "嘀" 的一声。

一般情况下，这是主板自检通过，系统正常启动的提示音。不过，有的主板自检通过时，没有任何提示音。还要注意，有的主板自检的时间可能较长，等 5～6 s 后才会听到 "嘀" 的一声，需要耐心等候。

2) BIOS 提示信息判断故障

(1) CMOS battery failed(CMOS 电池失效)：说明主板上保存 CMOS 信息的电池已经没有电了，需要更换新电池。电池一般为型号 CR2032 的纽扣电池。

(2) Keyboard error or no keyboard present(键盘错误或未接键盘)：检查键盘的接头、连线是否插牢或损坏。

(3) Hard disk install failure(硬盘安装失败)：检查硬盘的电源线或数据线是否连接良好。

(4) Hard disk(s) diagnosis fail(执行硬盘诊断时发生错误)：极有可能是硬盘本身出现故障，可以把硬盘装在另一台计算机上进一步检测。

(5) Memory test fail(内存检测失败)：出现这种问题一般是混用了不同规格的内存，内存条互不兼容。

任务 2　　计算机软件的保养与维护

一、Windows 7 系统自带备份还原

1. 使用 Windows 7 自带的备份还原工具创建映像

(1) 在"控制面板"中选择"备份和还原"设置选项，如图 7.3 所示。

(2) 选择左侧"创建系统映像"选项，将目标分区选择为系统盘之外的空余分区，此处选为 E 盘，如图 7.4、图 7.5 所示。

(3) 单击"下一步"按钮，选择所需备份的分区，此处默认为系统保留和 C 盘，单击"下一步"按钮，如图 7.6 所示。

(4) 确认信息后，单击"开始备份"按钮，如图 7.7 所示。根据需要备份的数据大小，备份所花的时间有所不同。

(5) 备份完成后，根据需要选择是否创建系统修复光盘，并单击"关闭"按钮完成备

份，如图 7.8 所示。此时，在 E 盘目录下会生成"Windows Image Backup"文件夹。如果误删备份文件夹，将无法进行系统还原操作。

图 7.3　控制面板菜单　　　　　　　　　　图 7.4　备份还原菜单

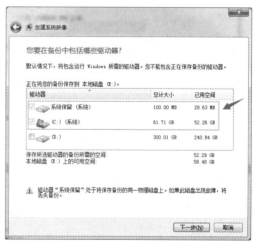

图 7.5　映像保存路径选择　　　　　　　　图 7.6　备份盘选择

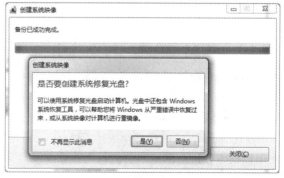

图 7.7　映像创建　　　　　　　　　　　　图 7.8　备份完成

2. 使用 Windows 7 自带的备份还原工具恢复系统

系统备份完成后可以方便地对系统进行恢复。

(1) 在"控制面板"中选择"备份和还原"设置选项，单击"恢复系统设置或计算机"选项，如图 7.9 所示。

(2) 选择"高级恢复方法"选项，如图 7.10 所示。

图 7.9　恢复设置选择　　　　　　　　　　图 7.10　高级恢复选择

(3) 选择"使用之前创建的系统映像恢复计算机"选项，如图 7.11 所示。

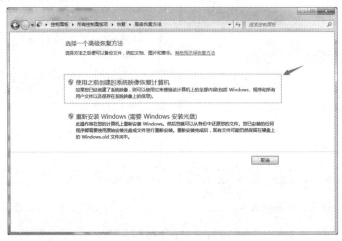

图 7.11　恢复映像

(4) 根据提示选择所备份的映像文件，直到完成操作。

二、Ghost 软件系统备份还原

1. Ghost 主界面功能介绍

一般在启动 U 盘内都集成了 Ghost 工具软件，它可以很方便地帮助用户备份、还原系统。

Ghost 主界面如图 7.12 所示，Local 表示本地；Disk 表示硬盘，指整个物理硬盘；Partition 表示分区；To Image 表示"备份到……"之意，Image 是映像，指 Ghost 文件存放于硬盘或分区中的特殊格

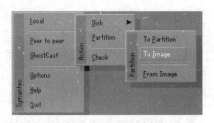

图 7.12　Ghost 主界面

式文件，扩展名为".gho"；From Image 表示"从……还原"之意。

2．使用 Ghost 软件备份系统

在安装完计算机操作系统和应用软件后，将系统分区制作成映像文件，当系统出现问题时就可以方便、快捷地将系统还原到备份时的状态。

(1) 运行 Ghost 后，用方向键将光标按"Local"→"Partition"→"To Image"的顺序进行选择，然后按 Enter 键，出现选择本地源硬盘号(源硬盘即为备份分区所在的硬盘)对话框。如果计算机中只安装了一块硬盘，则直接按 Enter 键即可；如果安装了多块硬盘，须谨慎选择硬盘，以免造成数据损失。本例中安装了两块硬盘，应先选择硬盘，然后按 Enter 键，如图 7.13 所示。

(2) 在选择源分区(源分区即为备份分区)对话框中，用上下方向键定位到要制作映像文件的分区上，按 Enter 键确认选择的源分区(可以重复此操作选择多个源分区)，再按 Tab 键将光标定位到"OK"按钮上(此时"OK"按钮反白)，如图 7.14 所示，再按 Enter 键继续。

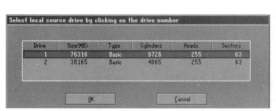

图 7.13　备份硬盘选择

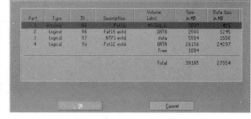

图 7.14　备份分区选择

(3) 按 Tab 键使"Look in"(选择映像文件保存的分区)处于选中状态，按向下方向键，弹出路径下拉菜单，选择文件存放路径，在"File name"文本框中输入映像文件名，还可以在"Image file description"文本框中输入对映像文件的描述性说明，如图 7.15 所示。

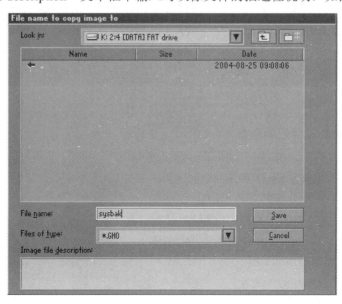

图 7.15　映像命名

(4) 上述操作完成后，会出现压缩映像文件对话框，包括"No"(不压缩)、"Fast"(使用较快的速度和较低的压缩率备份)、"High"(使用较高的压缩率和较慢的速度备份)三种选项，压缩比越低，保存速度越快。用户可根据自己的需要选择相应的按钮，按 Enter 键确定，如图 7.16 所示。

(5) 在问题提示框中确认是否创建分区映像操作，用光标方向键移动到"Yes"按钮上，按 Enter 键确定，如图 7.17 所示。

图 7.16　压缩方式选择

图 7.17　映像创建确认

(6) 映像创建确认后，Ghost 即可开始制作映像文件，如图 7.18 所示，从进度条可以观察创建进度、速度等情况。在此界面可以按"Ctrl + C"组合键终止操作。

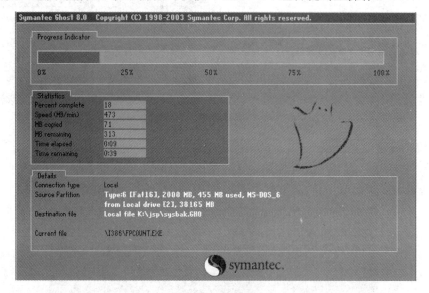

图 7.18　映像创建

3. 使用 Ghost 软件还原系统

制作好映像文件后，系统一旦出现问题，就可以方便快捷地将系统恢复到备份时的状态。

将映像文件还原到分区的步骤如下：

(1) 在 Ghost 主菜单中用光标方向键按"Local"→"Partition"→"From Image"的顺序进行选择，如图 7.19 所示，然后按 Enter 键。

(2) 在打开的"映像文件恢复"对话框中，选择映像文件所在的分区、路径、文件名，按 Tab 键选中"Open"按钮并按 Enter 键，如图 7.20 所示。

图 7.19　系统还原选择

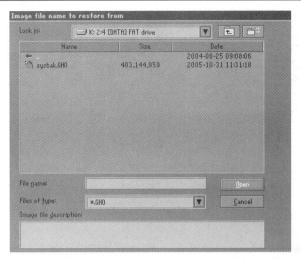

图 7.20 映像文件选择

(3) 在出现的选择本地目标硬盘号对话框中,选择本地目标硬盘号,如图 7.21 所示。用光标在选择从硬盘选择目标分区窗口中选择目标分区(即要还原到的分区),按 Enter 键,如图 7.22 所示。图 7.22 中的灰色分区表示这些分区不能作此操作。

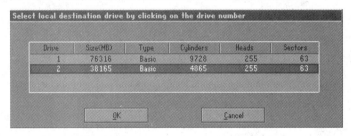

图 7.21 还原安装硬盘选择

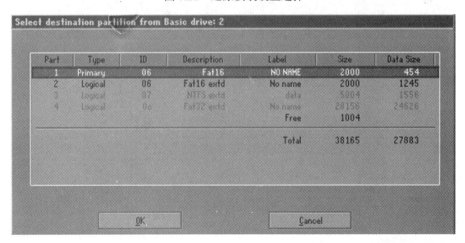

图 7.22 还原安装分区选择

(4) 在弹出的问题对话框中,确认是否继续操作以将目标分区中的数据覆盖,选择"Yes"按钮,如图 7.23 所示,按 Enter 键,Ghost 开始还原操作。

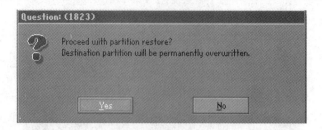

图 7.23　数据覆盖确认

(5) Ghost 开始还原映像文件时会出现进度提示框，从进度条可以观察还原进度，如图 7.24 所示。还原操作完成后，出现恢复完成提示框，其中"Continue"表示继续使用 Ghost 操作，"Reset Computer"表示重启计算机。选择后者，计算机会重启，如图 7.25 所示。至此还原操作完成。

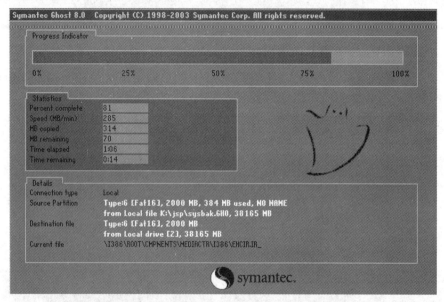

图 7.24　还原过程

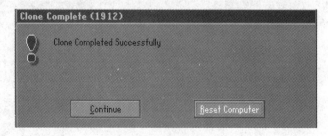

图 7.25　还原完成重启

三、软件冲突判断

1. 软件冲突

软件冲突是指两个或多个软件在同时运行时，程序可能出现冲突导致其中一个或两个软件都不能正常工作。软件冲突在用户计算机终端上的表现和反应不尽相同，有从安装开始就发生冲突的，有在运行中发生冲突的，情况复杂，具体表现不一。不同机器的表现不一样，同一个机器在不同使用状态下的表现也不一样。也有并非软件冲突造成的问题，比如计算机运行缓慢，某个软件不能正常使用，计算机死机等。

2. 软件冲突的分类

软件冲突有多种形式，可分为无意的软件冲突和恶意的软件冲突两大类。

软件冲突的成因很多，可能是软件厂商之间缺乏沟通，在程序设计上有互相冲突的地方；也有可能是出于竞争，故意给对方设置障碍。如果是前者，那就形成了一种无意的软件冲突；而后者则构成了一种恶意的软件冲突。事实上，很多软件冲突都是厂商恶意为之的。例如，在计算机上同时安装很多同类软件最容易产生冲突，因此两款功能相似的软件，最好只装一款。

3. 软件冲突的处理措施

计算机上的程序若出现不兼容的情况，要采取相应的处理措施。

(1) 更换该软件或程序版本，重新安装运行。

(2) 卸载该软件，更换安装路径，重新安装。

(3) 找其他类似或相同的软件代替。

(4) 使用完不兼容的软件后卸载，再重新安装兼容的软件。

(5) 在安全模式下运行。

(6) 在软件的桌面快捷方式上，单击右键，选择"属性"下的"兼容性"选项，用兼容性运行这个程序，单击"确定"按钮。或者使用管理员身份运行该程序。

(7) 卸载与该软件发生冲突的程序，或者卸载与该软件具有相同或相似功能的程序。

(8) 打开计算机的任务管理器，检查是否有该软件的进程，结束进程，重新安装或登录。

任务 3　外围设备与计算机的连接及共享

一、打印机的安装与共享

1. 打印机安装

安装打印机首先要将打印机与计算机进行物理连接。除无线连接方式外，目前最为常见的有线连接方式包括 USB 接口和网络接口连接，部分打印机同时支持这两种连接方式。下面以三星 CLP-310N 彩色激光打印机为例介绍这两种连接方式。

1) USB 连接方式安装打印机

(1) 将 USB 打印连接线分别插入打印机和计算机的 USB 接口中，打印机的 USB 接口如图 7.26 所示。插上电源线，打开电源开关后操作系统会发现新硬件并试图从网络上安装打印机驱动，单击"关闭"按钮，如图 7.27 所示。

(2) 从打印机的驱动光盘中执行"setup.exe"程序进行驱动安装。如图 7.28 所示，选择语言类型为"中文(简体)"，单击"下一步"按钮。

图 7.26　USB 接口

图 7.27　关闭驱动网络安装

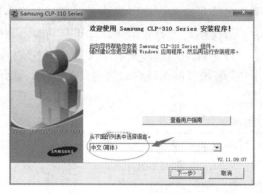

图 7.28　光盘安装驱动

(3) 如图 7.29 所示，选择安装类型为"本地打印机的典型安装"，然后单击"下一步"按钮，中途不需要设置；打印机安装完成后在"控制面板"中的"设备和打印机"项中会出现新安装的打印机图标，如图 7.30 所示。

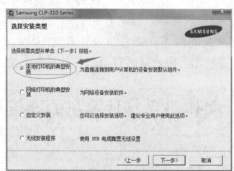

图 7.29　本地安装

图 7.30　安装成功后的打印机

2) 网络连接方式安装打印机

采用网络连接方式安装打印机与 USB 连接方式有所不同。

(1) 将网线插入打印机的网络接口(如图 7.31 所示)，开启打印机电源，确保计算机和打印机在同一个网络内。由于防火墙是内部网络与外部环境之间的边界保卫安全系统，有时会屏蔽网络软件的安装及使用，因此要关闭防火墙(如图 7.32 所示)，才能顺利通过网络安装打印机。

图 7.31　打印机的网络接口

图 7.32　关闭防火墙

(2) 配置打印机的 IP 地址，这里需要用到"SetIP"工具软件。"SetIP"存放在驱动光盘"Application"文件夹下的"SetIP"目录中，进入目录后执行"setup.exe"程序进行安装。选择安装语言后单击"下一步"按钮，直到安装完成。在"开始"菜单下的"所有程序"中找到"SetIP"选项并运行，如图 7.33 所示。

图 7.33　IP 设置选项

(3) 双击"Set IP"主界面中的打印机列表，在弹出的对话框中修改 IP 地址、子网掩码和默认网关。修改完毕后单击"应用"按钮，如图 7.34 所示。修改成功后，打印机会打印一张含有修改后的 IP 地址、子网掩码和默认网关的网络配置报告页。然后，开启防火墙。

(4) 从打印机的驱动光盘中执行"setup.exe"程序进行驱动安装。选择语言类型为"中文(简体)"后单击"下一步"按钮。安装类型选择"网络打印机的典型安装"选项，单击"下一步"按钮，如图 7.35 所示。

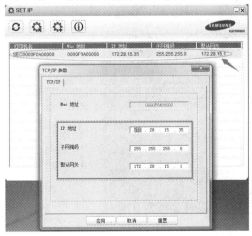

图 7.34　打印机 IP 设置图

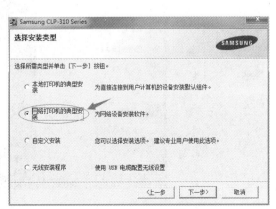

图 7.35　网络打印机安装选择

(5) 在"选择打印机端口"菜单中，选择"TCP/IP 端口"选项以及与之前设置的 IP 所对应的打印机，单击"下一步"按钮，直到安装完成，如图 7.36、图 7.37 所示。设置完毕后，可以打印一张测试页进行检测。

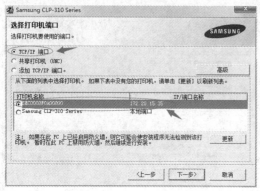

图 7.36　打印机端口选择

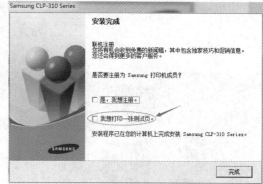

图 7.37　网络打印机安装完成

2. 打印机共享

打印机是常用的办公设备，在局域网中可以通过设置达到打印机资源共享。下面以 Windows 7 为例，介绍如何设置打印机共享。

1) 取消禁用 Guest 用户

其他用户访问已安装打印机的计算机时，是以 Guest 账户进行访问的。单击"开始"按钮，在"计算机"选项上单击右键，选择"管理"选项，在弹出的"计算机管理"窗口中找到"Guest"用户，双击"Guest"，打开"Guest 属性"窗口，确保"帐户已禁用"选项未被勾选，如图 7.38～图 7.40 所示。

图 7.38　打开计算机管理

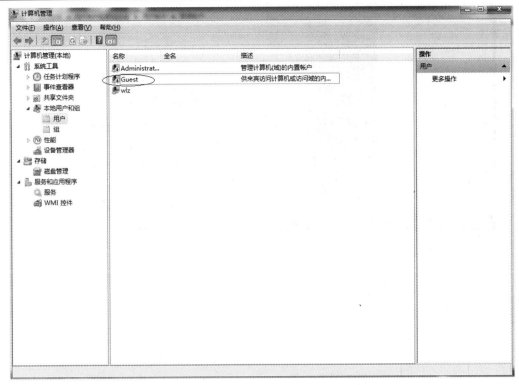

图 7.39　Guest 用户选择

图 7.40　Guest 账户禁用选项

2) 设置共享目标打印机

单击"开始"按钮，选择"设备和打印机"选项，如图 7.41 所示。在弹出的窗口中找到需共享的打印机(确保打印机已正确连接，驱动已正确安装)，在该打印机图标上单击右键，选择"打印机属性"选项，如图 7.42 所示。切换到"共享"选项卡，选中"共享这台打印机"复选框，并设置一个共享名(请记住该共享名，稍后的设置可能会用到)，如图 7.43 所示。

图 7.41 打开设备和打印机

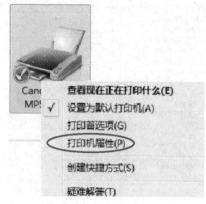

图 7.42 打印机属性

图 7.43 设置打印机共享

3) 高级共享设置

在系统托盘的网络连接图标上单击右键，选择"打开网络和共享中心"选项，如图 7.44 所示。

图 7.44 打开网络共享

牢记所处的网络类型，接着在弹出的窗口中单击"选择家庭组和共享选项"选项，选择"更改高级共享设置"选项，如图 7.45、图 7.46 所示。

图 7.45 家庭组选择

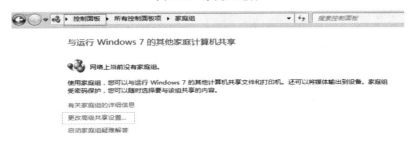

图 7.46 家庭组和高级设置选择

如果用户采用的是家庭或工作网络，"更改高级共享设置"的具体设置可参考图 7.47 所示的方式，其中的关键选项已经用圆圈标示，设置完成后保存修改。

图 7.47 家庭组的高级设置菜单

如果用户采用的是公共网络，具体设置和家庭组类似，但相应地应该设置"公用"选项下的内容，而不是"家庭或工作"选项下的内容，如图 7.48 所示。

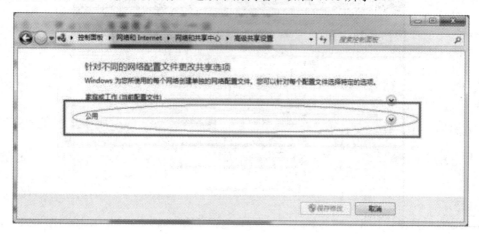

图 7.48　公共网络高级共享设置

4) 设置工作组

　　在添加目标打印机之前，首先要确定局域网内的计算机是否都处于一个工作组，具体过程如下：

　　单击"开始"按钮，在"计算机"选项上单击右键，选择"属性"选项，在弹出的如图 7.49 所示的窗口中找到工作组。如果计算机的工作组设置不一致，则单击"更改设置"按钮；如果一致，则可以直接退出。注意：请牢记"计算机名"，稍后的设置会用到。

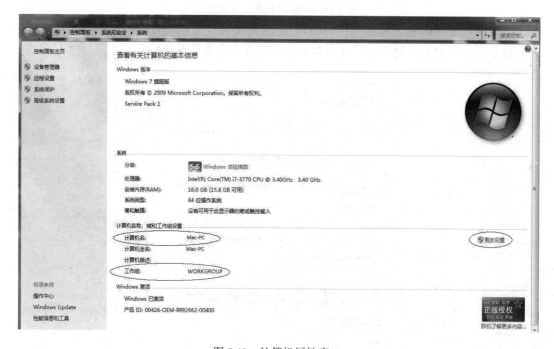

图 7.49　计算机属性窗口

如果局域网内的计算机处于不同的工作组，可以在如图 7.50 所示的窗口中进行设置。注意：此设置要在重启后才能生效，所以在设置完成后应重启计算机，使设置生效。

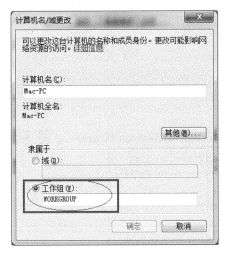

图 7.50　工作组更改

5) 添加打印机

在其他计算机上添加目标打印机的操作是在局域网内其他需要共享打印机的计算机上进行的。

(1) 进入"控制面板"，打开"设备和打印机"窗口，并选择"添加打印机"选项。选择"添加网络、无线或 Bluetooth 打印机"，单击"下一步"按钮，如图 7.51、图 7.52 所示。

图 7.51　设备和打印机界面　　　　　　　　图 7.52　添加网络打印机

单击"下一步"按钮之后，系统会自动搜索可用的打印机。如果前述的设置步骤无误，只需耐心等待，一般系统都能找到所设置的打印机，之后只需按照提示操作即可。

(2) 如果等待后系统找不到所需要的打印机，可以选中"我需要的打印机不在列表中"选项，然后单击"下一步"按钮，如图 7.53 所示。之后的设置方法较多，在此只介绍常用的两种。

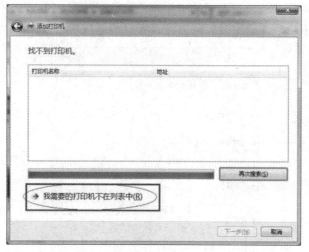

图 7.53　设备和打印机界面

① 第一种方法，选择"浏览打印机"选项，单击"下一步"按钮，找到与打印机连接的计算机，单击"选择"按钮，系统会自动找到该打印机的驱动并安装，如图 7.54～图 7.56 所示。至此，打印机已成功添加。

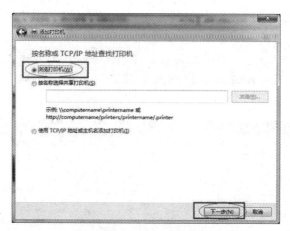

图 7.54　添加网络打印机

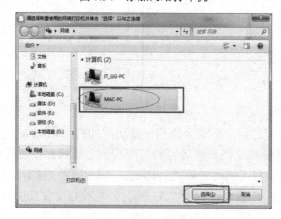

图 7.55　找到打印机名

图 7.56 选择目标打印机

② 第二种方法，在"添加打印机"窗口选择"按名称选择共享打印机"选项，并且输入"\\计算机名\打印机名"。如果前述的设置正确，当还未输完共享打印机的完整地址时，系统就会给出如图 7.57 所示的提示，接着单击"下一步"按钮。如果此步操作中系统没有自动给出提示，直接单击"下一步"按钮可能会无法找到目标打印机，此时可以把"计算机名"用"IP"来替换，例如 IP 为 10.0.32.80，那么则应输入"\\10.0.32.80\Canon"。

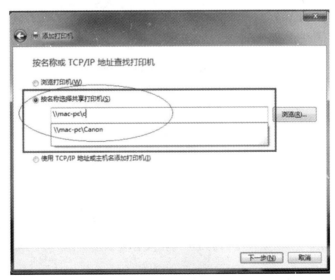

图 7.57 自动提示

添加完成后，系统会找到该设备并安装驱动，只需耐心等待即可，如图 7.58 所示。接着系统会给出提示，告诉用户打印机已成功添加，直接单击"下一步"按钮。至此，打印机已添加完毕。如有需要，用户可单击"打印测试页"按钮，测试打印机是否能正常工作，也可以直接单击"完成"按钮退出此窗口，如图 7.59、图 7.60 所示。

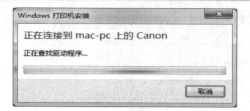

图 7.58　选择目标打印机

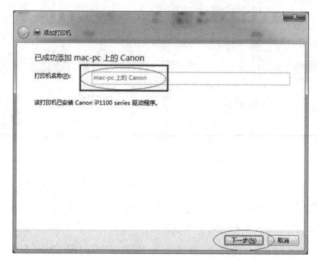

图 7.59　打印机添加成功

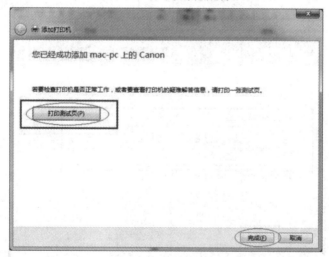

图 7.60　测试页打印

二、家用无线网络设置

1. 宽带接入方式

无线路由器可以实现宽带共享功能，为局域网内的计算机、手机、笔记本等终端提供有线、无线接入网络。现以普联公司 WR845N 无线路由器为例，介绍家用无线网络的设置。

根据入户宽带线路的不同，宽带接入方式分为电话线方式、光纤方式、网线方式三种，如图 7.61～图 7.63 所示。连接完成后，检查路由器的指示灯是否正常，如图 7.64 所示。

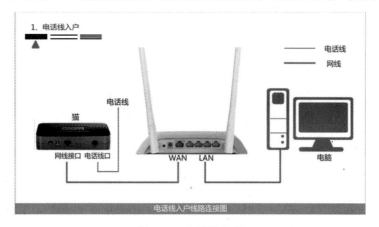

图 7.61　电话线方式

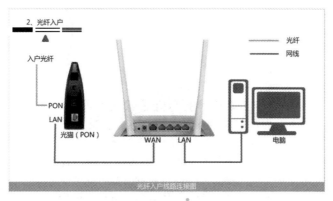

图 7.62　光纤方式

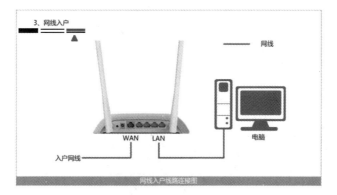

图 7.63　网线方式

指示灯	描述	正常状态
☼	系统状态指示灯	常亮
☐	局域网状态指示灯	常亮或闪烁
∅	广域网状态指示灯	常亮或闪烁

图 7.64　路由器指示灯状态图

2．设置连接路由器的计算机

1) 自动获取 IP 地址

设置路由器之前，需要将计算机设置为自动获取 IP 地址。Windows 7 有线网卡自动获取 IP 地址的详细设置步骤如下：

(1) 鼠标单击计算机桌面右下角的小计算机图标，在弹出的对话框中选中"打开网络和共享中心"选项，如图 7.65 所示。

图 7.65　打开网络共享

(2) 弹出"网络和共享中心"界面，选中"更改适配器设置"选项，如图 7.66 所示。

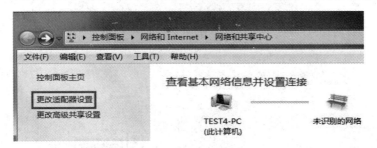

图 7.66　更改适配器设置

(3) 找到"本地连接"，右键单击并选择"属性"选项，如图 7.67 所示。

图 7.67　本地连接

(4) 找到并选中"Internet 协议版本 4 (TCP/IPv4)"，单击"属性"按钮，如图 7.68 所示。

图 7.68　TCP/IPv4 选择

(5) 在"Internet 协议版本 4 (TCP/IPv4)属性"对话框中，IP 地址、DNS 服务器地址均设为自动获取，如图 7.69 所示。

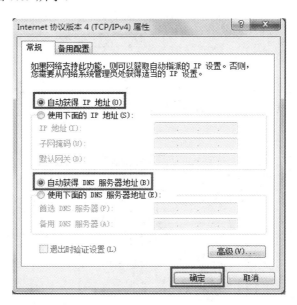

图 7.69　自动获取 IP 设置

2) 确认计算机是否成功获得 IP 地址

(1) 在"控制面板"的"网络和共享中心"中选择"更改适配器设置"选项，找到"本地连接"，右键选择并选择"状态"选项，如图 7.70 所示。

图 7.70　本地连接状态选择

(2) 单击"详细信息"按钮，如图 7.71 所示。

图 7.71　IP 详细信息选择

(3) 在"详细信息"列表中确认"已启用 DHCP"的状态为"是"，而且可以看到自动获取到的 IPv4 地址、默认网关、DNS 服务器地址等信息，表明计算机自动获取 IP 地址成功，如图 7.72 所示。

图 7.72　IP 详细信息查看

以上即为有线网卡自动获取 IP 地址的设置方法。

3．登录界面管理

1) 输入管理地址

打开计算机桌面上的 IE 浏览器，清空地址栏并输入"192.168.1.1"(路由器默认管理 IP 地址)，如图 7.73 所示，按 Enter 键后页面会弹出登录框。

图 7.73　地址输入

2) 登录管理界面

在对应的位置分别输入用户名和密码，单击"确定"按钮。默认的用户名和密码均为"admin"，如图 7.74 所示。

图 7.74　输入用户名和密码

4．设置路由器

1) 开始设置向导

进入路由器的管理界面后，选择"设置向导"选项，单击"下一步"按钮，如图 7.75 所示。

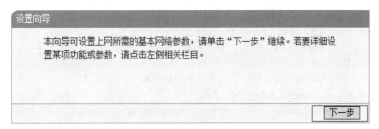

图 7.75　设置向导选择

2) 选择上网方式

用户一般是通过运营商分配的宽带账号和密码进行 PPPoE 拨号上网的。上网方式选择

"PPPoE(ADSL 虚拟拨号)",单击"下一步"按钮,如图 7.76 所示。

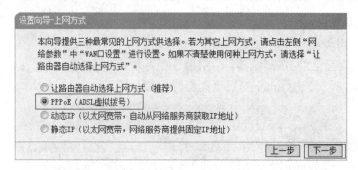

图 7.76 上网方式选择

3) 输入上网宽带账号和密码

在对应的设置框输入运营商提供的宽带账号和密码,并确定该账号和密码输入正确,如图 7.77 所示。

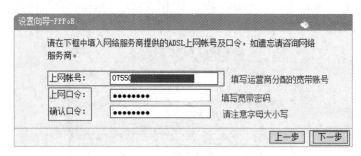

图 7.77 宽带账号和密码输入

4) 设置无线参数

SSID(即无线网络名称)可根据实际需求设置,选中"WPA-PSK/WPA2-PSK"并设置 PSK 无线密码,单击"下一步"按钮,如图 7.78 所示。

5) 设置完毕重启路由器

单击"重启"按钮,弹出对话框后单击"确定"按钮,如图 7.79 所示。

图 7.78 无线参数设置

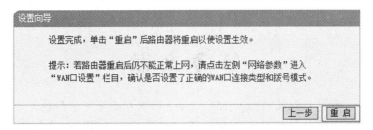

图 7.79　重启设置

6) 成功设置确认

路由器重启完成后，进入路由器管理界面，选择"运行状态"选项，查看 WAN 口状态，如图 7.80 所示对话框内的 IP 地址不为"0.0.0.0"，则表示设置成功。网络连接成功，则表明路由器已经设置完成。

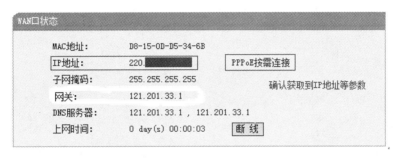

图 7.80　WAN 口状态

5. 连接使用

家用无线网络配置成功后，可以连接多种终端。比如 Windows 终端、Android 终端、iOS 苹果终端等，即各种笔记本电脑、智能手机、平板电脑、平板电视等。

 思考题

(1) 计算机硬件保修需要注意哪些事项？
(2) 怎样为系统备份，怎样进行系统还原？
(3) 打印机共享如何设置？
(4) 尝试重新设置家庭无线路由器。

参 考 文 献

[1]　杜飞明，等. 计算机组装与维护[M]. 2 版. 西安：西安电子科技大学出版社，2012.

[2]　柏世兵，等. 计算机组装与维护[M]. 西安：西安电子科技大学出版社，2015.

[3]　高立丽，等. 计算机组装与维护项目教程[M]. 北京：清华大学出版社，2016.

[4]　何新洲，刘振栋，等. 计算机组装与维护[M]. 北京：清华大学出版社，2015.

[5]　李秀，等. 计算机文化基础[M]. 北京：清华大学出版社，2005.

[6]　王红军，等. 笔记本电脑维修宝典[M]. 北京：机械工业出版社，2014.

[7]　徐伟，张鹏. 电脑硬件选购、组装与维修从入门到精通[M]. 北京：中国铁道出版社，2014.

实训项目一　计算机选购与行情调研

学生姓名		实习时段		成　绩	
班级名称		指导教师		批阅教师	

一、根据市场调查情况填空。

  (1) 中国较大的品牌计算机生产厂家有(前三位)＿＿＿＿＿＿＿＿＿＿＿＿＿＿。

  (2) 本市计算机硬件市场主要分布地是：

  (3) 本省(市)最大或具有最大影响力的计算机公司有(至少写出五个)：

  (4) 你所走访调查的硬件销售店有(至少写出五个)。

二、根据市场调查，拟出选购一台计算机的硬件选配计划。

三、根据以上的选购计划，谈谈以下几个问题：

    (1) 你所选配的计算机适合哪些人群？更适合完成哪些工作？

    (2) 你所选配的计算机最大的特色是什么？有什么不足之处？

实训项目二 硬件系统的整机安装与调试

学生姓名		实习时段		成　绩	
班级名称		指导教师		批阅教师	

一、写出下列计算机配件的名称。

（　　　　　）　　　　　（　　　　　）　　　　　（　　　　　）

（　　　　）　　　　　　　　　　　　　（　　　　　）

（　　　　）　　　　　（　　　　）

二、请依照你的安装顺序给下列计算机内各部件编号。

（　）显卡　　　（　）软驱　　　（　）硬盘　　　（　）CPU　　　（　）内存条

（　）光驱　　　（　）电源　　　（　）CPU 风扇　（　）信号线　　（　）主板

三、根据所安装的部件完成以下表格。

设备名称	规格型号		报价
主板	主板芯片组：　　　　主板生产厂家：		
CPU	CPU 封装：　　　CPU 外频：　　　倍频： 工作电压：　　　生产厂家：		
内存	内存容量：　　内存芯片名称： 生产厂家：		
显卡	显存大小：　　生产厂家：　　　接口类型：		
声卡	生产厂家：　　　声音芯片：　　　接口类型：		
显示器	生产厂家：　　　　屏幕尺寸：		

四、你认为计算机主机箱内部部件的拆卸和安装顺序应当优先考虑哪些因素？拆卸和安装顺序要一致吗？

五、简述最小系统测试法的步骤。

六、在选件和安装过程中最应该注意哪些问题？

实训项目三　主板、CPU 参数识别及其配型与安装

学生姓名		实习时段		成　绩	
班级名称		指导教师		批阅教师	

一、目前中国市场上主板处于一线产品的生产厂家有哪些？

二、Intel 公司 CPU 的主板能否安装 AMD 公司的 CPU？为什么？

三、目前市场上流通的 CPU 主要有哪几个厂家？

四、在配置主板、CPU、内存时应注意哪些问题？配置错误会出现什么样的问题？

五、根据实践操作，写出安装主板、CPU、内存应注意的要点。

实训项目四　存储设备的配置与安装

学生姓名		实习时段		成　绩	
班级名称		指导教师		批阅教师	

一、简述存储设备的分类。

二、外存设备的接口技术标准有哪些？它们各自的特征是什么？

三、在同一条数据线上安装两个以上的存储设备时，为什么要设置主从盘？怎样设置硬盘、光驱主从盘的跳线？

四、根据实训环境，完成以下内容。

(1) 观察硬盘标签，写出硬盘的生产厂家、标号、硬盘大小、硬盘的转速。

(2) 观察光驱封面，写出光驱的品牌、倍速、类型。

(3) 简述 SATA、IDE 数据线的发展与应用。

实训项目五　硬盘分区与格式化

学生姓名		实习时段		成　绩	
班级名称		指导教师		批阅教师	

一、一般什么情况下需要分区？

二、常见 Windows 的文件系统有哪几种？

三、什么是分区表？其作用有哪些？简要谈谈 MBR 与 GPT 的区别。

四、分区方法有哪几种？各自有什么特点？你熟悉哪种？

五、针对手头已有的台式机或笔记本，要让其变得更"快"，谈谈你的软硬件优化设想。

实训项目六　软件系统的安装与维护

学生姓名		实习时段		成　绩	
班级名称		指导教师		批阅教师	

一、根据实训时的观察填写下表。

BIOS 设置程序项目功能	BIOS 设置程序对应的英文	备注
标准设置		
载入缺省值		
载入出厂设置		
管理者或用户密码设置		
保存设置并退出设置程序		
开启 CIH 病毒警告开关		
关闭 IDE 控制器的方法		
不保存当前设置并退出设置程序		

二、除常规的 BIOS 设置之外，BIOS 设置还能优化计算机的性能。请写出你进行了哪些优化设置尝试，并描述优化的目的。

三、假若某用户的计算机有一块固态硬盘、一块机械硬盘、一个光驱，请为该用户提供建议：哪种情况下三者的启动顺序应怎样调整。

四、硬盘检查与规划记录：

(1) 本机硬盘分区情况是：_____，
所安装操作系统的名称及版本：_____。

(2) 本次操作系统安装，拟安装于_____分区，其大小规划为_____，
并将所有资料备份于_____区。实现该规划的方法是_____。

(3) 在不损坏原有数据的情况下，可用_____工具合并 D 盘和 E 盘，具体方法是：

五、详述操作系统的分类与版本、原版与 Ghost 版本的区别。选择你熟悉的一种，描述具体的安装
步骤。

实训项目七　系统备份还原及外围设备连接

学生姓名		实习时段		成　绩	
班级名称		指导教师		批阅教师	

一、常见的系统安装第三方软件有哪些？你最熟悉哪个？

二、备份系统到 D:\back 文件夹下，详细描述操作过程。

三、将前面备份的镜像恢复到 C 盘，详细描述操作过程。

四、家庭网络的常见接入方式有哪几种？你家采用的是哪种方式？

五、谈谈自己家里无线网络配置的情况。